THE SUN

太阳全书

这是发现号航天飞机的宇航员在太空中拍摄的一张太阳照片。当时航天飞机正飞离国际空间站，在阳光的照射下，地球的大气层被映得雪亮。

THE SUN
太阳全书

[美] 李昂·戈拉伯　杰伊·帕萨乔夫 / 著
青年天文教师连线 / 译

北京联合出版公司
Beijing United Publishing Co.,Ltd.

图书在版编目（CIP）数据

太阳全书 / (美)李昂·戈拉伯,(美)杰伊·帕萨乔夫著；青年天文教师连线译. —— 北京：北京联合出版公司, 2019.1
ISBN 978-7-5596-2775-9

Ⅰ.①太… Ⅱ.①李…②杰…③青… Ⅲ.①太阳－普及读物 Ⅳ.①P182-49

中国版本图书馆CIP数据核字(2018)第252868号

著作权合同登记 图字：01-2018-5154号

The Sun by Leon Golub and Jay M. Pasachoff was first published by
Reaktion Books, London, UK, 2017 in the Kosmos series.
Copyright © Leon Golub and Jay M. Pasachoff 2017
Rights arranged through YouBook Agency, China
中文简体字版©2018北京紫图图书有限公司
版权所有 违者必究

太阳全书

项目策划 紫图图书 ZITO®
监 制 黄利 万夏

作 者 [美]李昂·戈拉伯 杰伊·帕萨乔夫
译 者 青年天文教师连线
责任编辑 宋延涛
特约编辑 路思维 吴青
版权支持 王香平
装帧设计 紫图图书 ZITO®

北京联合出版公司出版
（北京市西城区德外大街 83 号楼 9 层 100088）
北京瑞禾彩色印刷有限公司印刷 新华书店经销
100千字 889毫米×1194毫米 1/16 14.5印张
2019年1月第1版 2019年1月第1次印刷
ISBN 978-7-5596-2775-9
定价：259.00元

若有质量问题，请与本公司图书销售中心联系调换
纠错热线：010-64360026-103

目 录
CONTENTS

（多重曝光）美国当地时间 2017 年 8 月 21 日，在田纳西州大烟山国家公园，观察到的日食形成的"钻石环"景象。

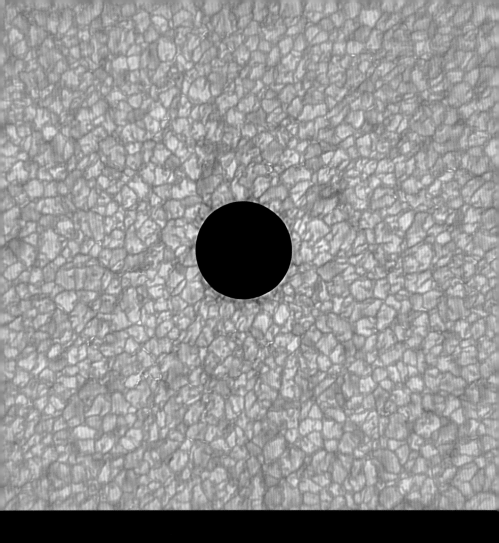

"水星凌日"天象的影像

图 1　这是 2016 年 5 月 9 日"水星凌日"天象的影像。其中，水星的剪影悬浮在太阳米粒组织（solar granulation，是太阳光球层中气体的对流引起的一种日面结构，在高分辨率的太阳白光照片上呈现为米粒状的明亮斑点）的前方。在通常所说的太阳表面，也就是太阳光球上，"太阳米粒组织"中的"米粒"，每一个约有整个英国那么大。这种结构的形成与沸腾的原理类似，是对流运动的结果。这幅影像由本书作者之一（杰伊·帕萨乔夫）和同事在加州大熊湖太阳天文台（Big Bear Solar Observatory），使用配备了自适应光学系统的 1.6 米口径"新太阳望远镜"[现已改名为古德太阳望远镜（Goode Solar Telescope）。——译者注]拍摄。水星盘周围"米粒组织"之所以看起来明显偏小，是自适应光学过程带来的假象——自适应光学过程会使细节锐化。

序言 FOREWORD

对于地球上的亿万生命来说，太阳的重要性不言而喻。同时，太阳也是影响环境的重要因素：从太阳在头顶高悬的炎热赤道，到世界上大多数人口居住的温带地区，再到可以看到"午夜太阳"的南北极，我们能看到太阳光对地球万物产生的不同影响。太阳每天升起、落下——由此形成了白天和黑夜。

不过，这些只是基本的认知，想更进一步地了解太阳，就要依靠科学。我们常常将太阳和月亮相提并论，实际上，日月大小不同，到地球的距离也不同。从人类的感知上，太阳似乎和月亮一样，围绕地球运动，实则不然。太阳究竟是什么？它由什么组成？它为什么能如此耀眼地发光发热？太阳的年龄有多大，它的寿命还有多长？——要弄清楚这些问题，需要很多的思考和实验。读者朋友可以从这本书开始认识太阳，书中不仅介绍了目前已知的关于太阳的重要信息，还详细解释了这些结论是怎样得出的。

很多方式能帮助我们了解太阳，在此，我们选择了一个与众不同的方式，希望能弥补那些相对传统的方式的不足。我们精心选取了一些最出彩也最重要的太阳影像——其中一些可以追溯到17世纪初，还有一些是每天接收到的最新动态，

针对这些影像中呈现的现象，展开对太阳的各种讨论。我们看到的到底是什么？为什么要关注太阳，它为何重要？我们对太阳的了解有多少，是如何了解的？对于太阳，还有哪些是未知的？印度发生地震，我们却要讨论太阳内部活动，或许这听起来有些奇怪，但是科学研究确实能将这两件事关联起来，而这也正是科学研究的核心价值所在。自然界的各个事物之间并没有清晰的界限划分——整个自然界是一体的。

我们选取的图像既有太阳内部的（怎么做到的？），也有太阳表面的；既包括可见的太阳黑子，也包括不可见（针对有局限性的人眼而言）的日冕和太阳风；还有日球层（heliosphere）——太阳的能量和质量流所控制的领域。"图像"（picture）这个词包含诸多含义，都起着突出而重要的作用。书中的图像有实际拍摄的照片、模拟的影像，也有帮助理解的图析。

人们一直试图理解已知宇宙空间中的活动和动态，而这一理解也在不断地发展演变着，因为宇宙就是多变的，充满了不确定因素，比如伽马射线暴、致密天体的喷流、太阳及其他恒星的爆发、超新星和其他天体的膨胀磁激波，等等。在很多情况下，磁场跟（太阳）活动或（太阳）活动导致的效应紧密相关。正如我们的一位同事

（关于到底谁先说出了这话有一定争议）所说："磁场对于天体物理学的意义，就像性对于精神分析学的意义。"

如果不采取恰当的防护措施，直接观测太阳，对人的视力是有伤害的。即使是通过望远镜看太阳，你也应该（甚至是必须）提前安装好专门的太阳观测滤光片。在本书的三篇附录中，我们分别介绍了如何安全地观测太阳、如何在日食中观测太阳以及如何在太空中进行观测（对大多数人稍有些不现实），以指导想参与太阳观测的人们。

对于那些有兴趣进一步探索的人，我们还在本书的末尾提供了一些推荐阅读的篇目。关于我们在本书中涉及的各种主题，很多好的科普作品已经问世了，我们在相关的推荐中列举了它们以供延伸阅读。对于我们在书中所作论断，希望看到支持它们的论据的人，也有一份涉及更多科学和技术细节的文章简表。

我们在以下网站提供本书更新和勘误：
https://astronomy.williams.edu/

该网站也可由以下网址进入：
http://solarcorona.com

我们还提供了多种多样的网站链接，涉及太阳科学、观测日食和其他可能让本书读者产生兴趣的事情。我们写下包含这些链接的一篇文章：Jay M. Pasachoff, 'Resource Letter sp-1 on Solar Physics', *American Journal of Physics,* lxxviii (September 2010), pp. 890 - 901.

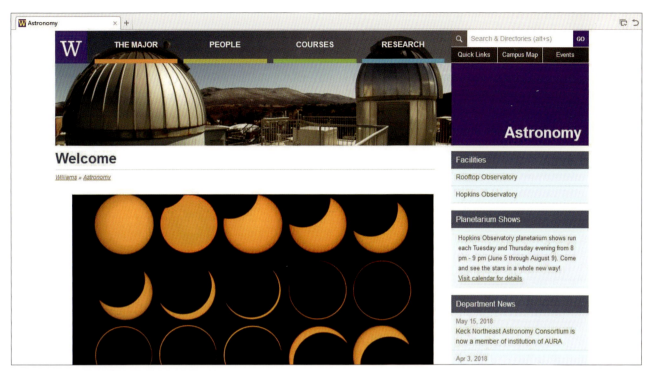

https://astronomy.williams.edu/

http://solarcorona.com

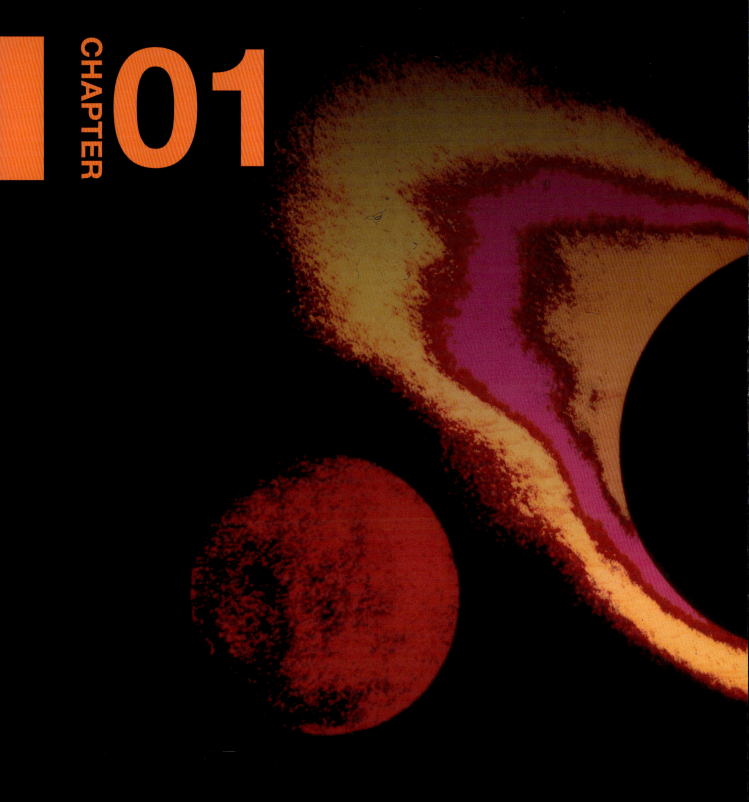

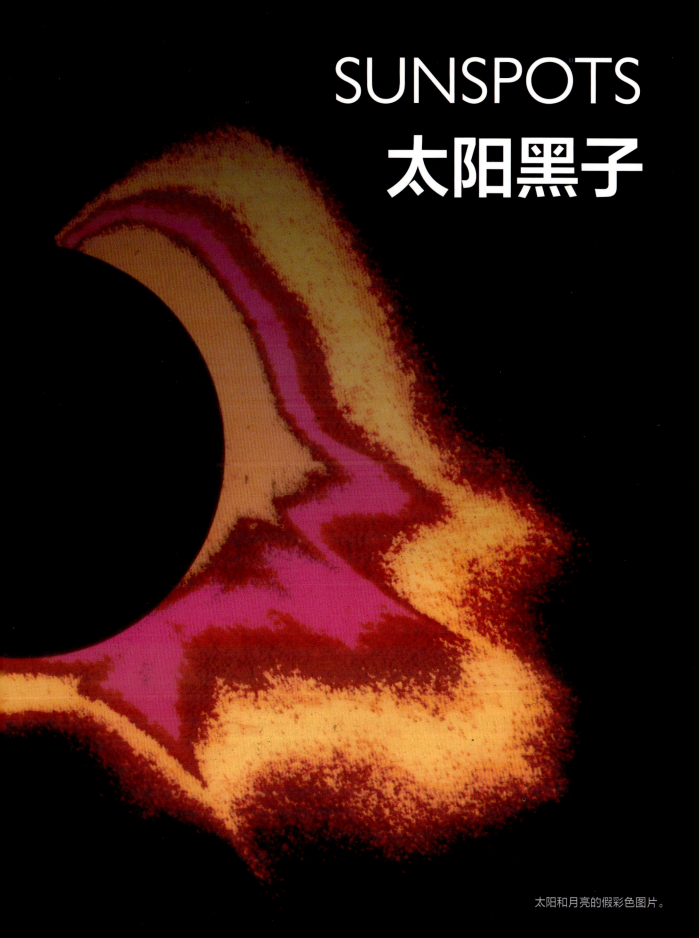

CHAPTER 01

SUNSPOTS
太阳黑子

太阳和月亮的假彩色图片。

通常来说，太阳过于明亮，直接观看是不可能不伤眼睛的。但是当太阳被日落时的雾霭或者薄云遮住，亮度减弱到安全水平，或者使用一种特殊的暗滤光片，我们就能观测它，看到一个圆圆的、黄澄澄的发光圆盘。乍一看，日面是一个完美无瑕的圆盘，但是视力好的人却可以看到这个圆盘上有一两个小黑点。甚至，有时能看到成群的黑点。经过长期连续不断的观测，可以发现这些黑点在太阳的表面不停移动，日复一日，或增长或消失。这种现象就叫太阳黑子（图2）。[1]

中国对太阳黑子的观测有悠久的历史。在最新的考古学调查中，科学家们研究和考证古代刻在骨头上的铭文后发现，在商代（前1500—前1050）甚至更早之前的中国，就已经很重视对太阳的观测。目前已知的系统的黑子记录始于汉代（从公元前206年开始），尽管并不清楚古时人们对黑子产生兴趣的原因，并且相关的记录也不多。好在许多记录描述得很清晰，使得我们了解到太阳在那个时候就像现在一样有黑子了，由此可见，太阳黑子是可见日面上普通的、长期存在的特征。

相比之下，古代西方似乎并没有多少关于黑子的记录，也许是受到当时"太阳是完美无缺的"观点的影响。但是在17世纪初，伽利略改变了西方社会的看法，那时他开始使用新发明出来的望远镜去观测包括太阳在内的天体。伽利略进行了仔细、反复的观测（这可能导致了他的失明），并绘制了黑子成长、衰亡和穿越太阳圆面的图画（图3）。通过研究这种系列图画以及对黑子穿越日面的路径的测量，伽利略推断太阳黑

太阳黑子的高分辨率图像

图2　一大群太阳黑子的高分辨率图像。图中暗黑的区域是黑子本影（umbra），本影周围较亮的部分是黑子半影（penumbra），半影呈放射状，从本影边缘向外扩散。本影和半影都被未受扰动的光球（photosphere）包围着，也就是图像四周的米粒状图案，这些图案是广泛分布在太阳表面的、常见的米粒组织。

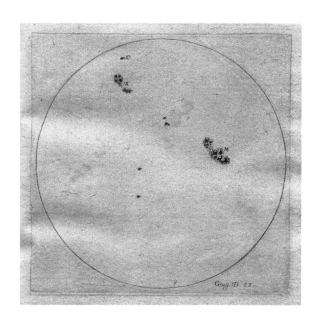

太阳黑子细节图

图3　正如我们看到的，伽利略和几个竞争对手首次看到并记录了太阳黑子的细节。这张图来自伽利略于1613年写的关于太阳黑子的书，书中展示了一组每日黑子图，揭示了太阳自转的存在。

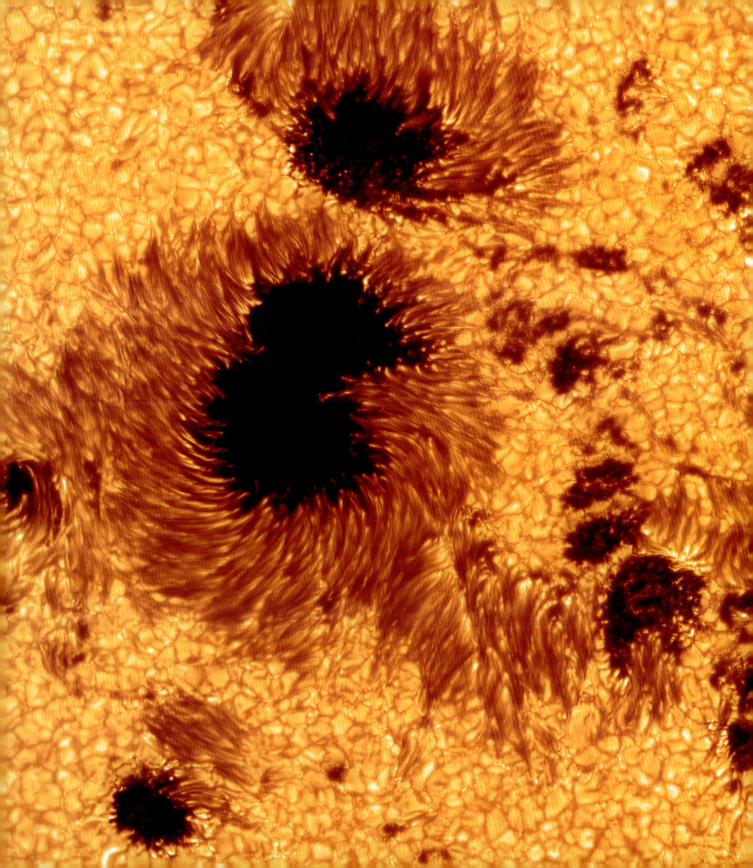

子是位于太阳表面的，并且是真实的太阳特征。这一推断在当时激起轩然大波：太阳黑子到底是真的位于太阳上，还是只是从太阳前方经过？又或者它是一种位于地球和太阳之间的云朵？人们针对这些问题争论不休。

第一批通过望远镜观测太阳的热潮过后不久，奇怪的事情发生了：黑子消失了。从1645年到1715年，恰逢法国路易十四统治时期，太阳变得几乎完美无缺。1688年，著名天文学家约翰尼斯·赫维留（Johannes Hevelius）也指出"好多年的时间，十年甚至更久，除了一些不重要的小黑子，我确信绝对没有观测到显著的黑子"。黑子缺席的这几十年，欧洲正处于"小冰河期"，气候异常寒冷。由此人们猜想，是不是黑子缺席导致气温变低？但是这两个时间段并不能完全吻合，"小冰河期"大概是1550年开始的，终结于1850年。而且来自冰川、降雪和冰核记录的间接证据，并不足以证明全球都像欧洲那样变冷了。因此，太阳黑子对气候变化的影响有多大仍然不确定。

然而到了19世纪，太阳黑子又回来了，它们开始有规律地增长或减少：在一定的周期内，有些年份太阳上布满大量黑子，有些年份则很少。从太阳黑子极小期到太阳黑子极大期需要几

截自太阳黑子高分辨率图像，可以更清楚地看见米粒组织。

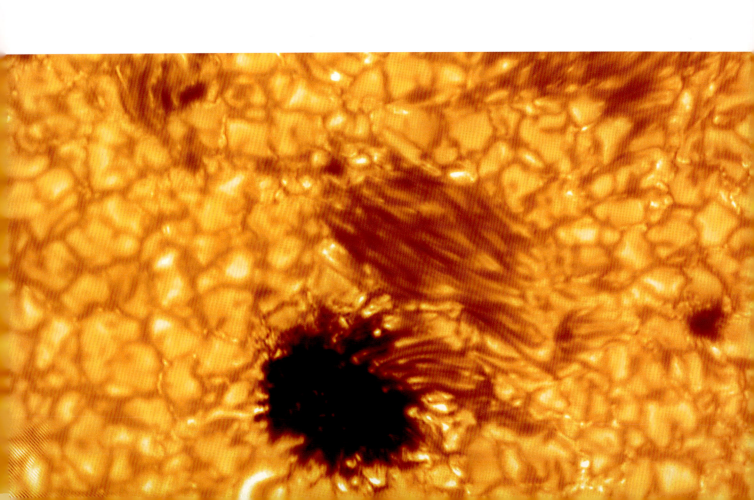

年时间，总体上看，从上一个极大期到下一个极大期，大约是 11 年。而实际上，不同的周期，时间长度会略有不同。对一颗恒星来说，在这么短的时间内发生如此显著的变化，是十分惊人的。人们通常认为，太阳是稳定的，并且需要数百万年才会发生重大改变。

太阳黑子的活动周期是人们试图解开的关于太阳的谜团之一。在解开这个谜团之前，得先弄清楚最基本的问题：太阳黑子到底是什么？为了寻找这一问题的答案，人们花费了数百年时间，最终的发现令人惊奇。

威廉·赫歇尔爵士（Sir William Herschel）于 1738 年生于汉诺威，出生时的名字叫作威尔海姆·弗里德里希·赫歇尔，是汉诺威军乐团双簧管乐手的儿子（赫歇尔后来也成了一流的音乐

家）。1757 年，在赫歇尔 19 岁的时候，他被送去英格兰，在那里继续从事音乐活动。直到 18 世纪 70 年代，他和妹妹卡罗琳（他说服妹妹来英格兰，在他的音乐会上当歌手）才把兴趣转向天文学。在卡罗琳的协助下，赫歇尔于 1781 年发现了天王星，这是两千年来首次发现新的行星，他以国王乔治三世的名字将其命名为乔治之星（Georgium Sidus）。为此，赫歇尔兄妹获得了终身津贴（每年，赫歇尔 200 英镑，卡罗琳 50 英镑），这使他们得以全身心地投入到天文学研究中。在对太阳的研究中，赫歇尔试图将伦敦的小麦价格和太阳黑子数的变化联系起来，并且他还发现太阳在可见光谱的红端之外还有巨大的能量发射，也就是现在我们所说的红外线。[2] 赫歇尔提出，太阳黑子是太阳上的洞，好比人类眼

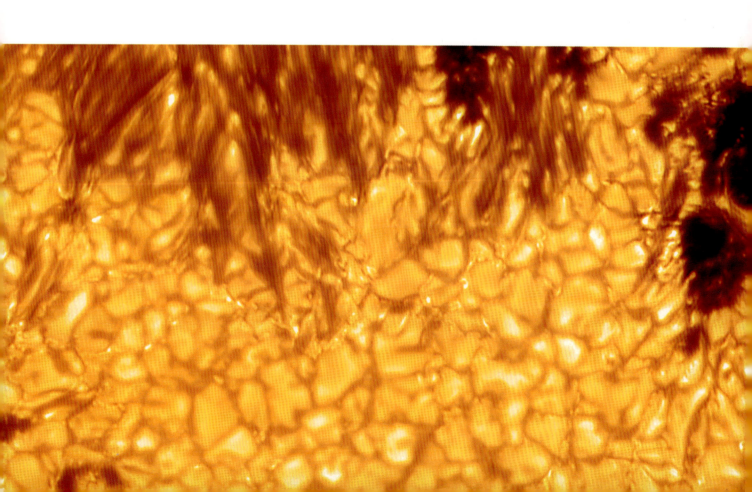

睛上的瞳孔，通过它我们可以看到黑暗的太阳内部。随后，苏格兰天文学家亚历山大·威尔逊（Alexander Wilson，从 1760 年起担任格拉斯哥大学实验天文学会主席）也发现了这一情况，他注意到在日面边缘观测到的太阳黑子，看上去比可见日面低一些，就像太阳上有个洞一样。很多年以后，当热力学发展到了一定水平，证明威廉·赫歇尔的理论是站不住脚的。直到 20 世纪初，太阳黑子的本质仍然是一个谜。

现代黑子研究

在 19 世纪末 20 世纪初，美国科学家乔治·埃勒里·海尔（George Ellery Hale）的研究使人们对太阳黑子的认识取得了重要的进展。海尔于 1868 年出生于芝加哥的一个工程师家庭，曾在麻省理工学院学习（海尔的父亲是设计电梯的工程师，埃菲尔铁塔上的电梯就出自他父亲之手）。1889 年，还是学生的海尔开发出一种新型太阳观测仪器，叫作"太阳单色光照相仪"（spectroheliograph），到现在仍然是观测太阳的主要工具之一。实际上，图 4 的太阳黑子图像就是由太阳单色光照相仪拍摄的。几年之后，海尔回到芝加哥，负责监督叶凯士天文台（Yerkes Observatory）的建设，该天文台包括当时最大的折射望远镜（折射望远镜使用的是透镜而不是反射镜）。在安德鲁·卡耐基（Andrew Carnegie）的支持下，海尔又在加利福尼亚州建造了威尔逊山天文台（Mount Wilson Solar Observatory），并指出"太阳天文台的主要目标，是将新的仪器和研究方法应用到恒星演化问题物理因素的研究中"。为了实现这一目标，海尔在自己的天文台设置了实验室，通过实验来帮助解释天文观测，这就是现在"实验天体物理"的起源。

建造了威尔逊山天文台之后，海尔继续规划了帕洛玛天文台（Palomar Observatory）的建造。在很长的一段时间里，"世界上最大天文望远镜"的头衔都属于帕洛玛天文台。然而，海尔的成就不只是建造天文台。1895 年，身为芝加哥大学教授的海尔创立了美国天文学会（American Astronomical Society）和《天体物理学杂志》（*The Astrophysical Journal*）——美国天文学会是美国天文学家的专业组织，《天体物理学杂志》一直是世界上发表天体物理研究论

太阳单色像

图 4 拍摄于 2013 年 1 月 1 日，临近太阳活动极大期。这张图的拍摄方法与乔治·埃勒里·海尔开创的方法类似，使用了氢 656.3 纳米强发射线上的很窄的波段。在这张图上只能看到几个小的、孤立的黑子，表明这个极大期与过去五十年来的极大期相比，太阳活动是偏弱的。

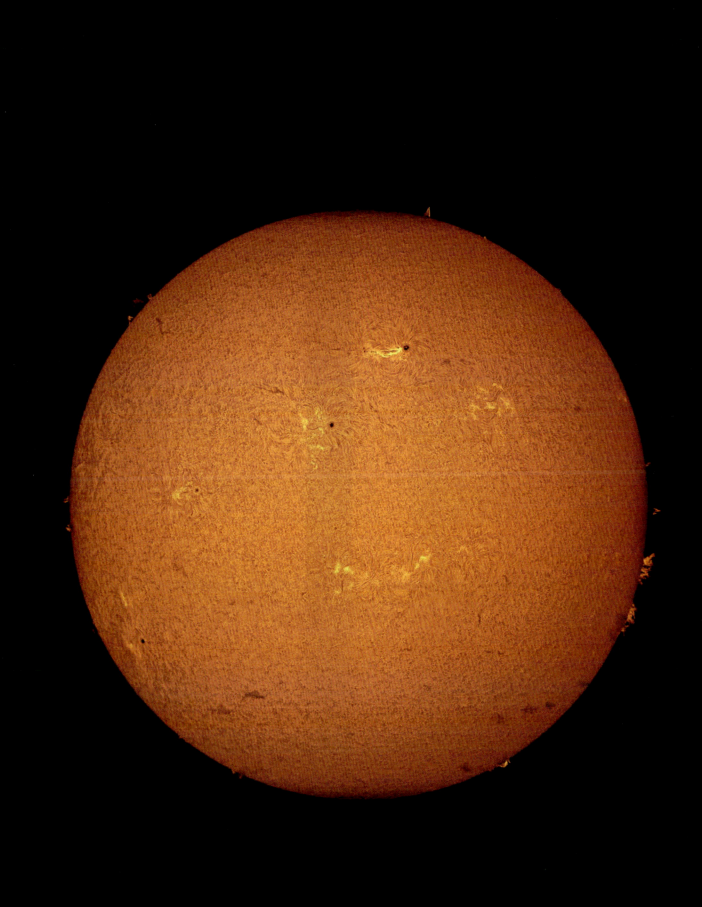

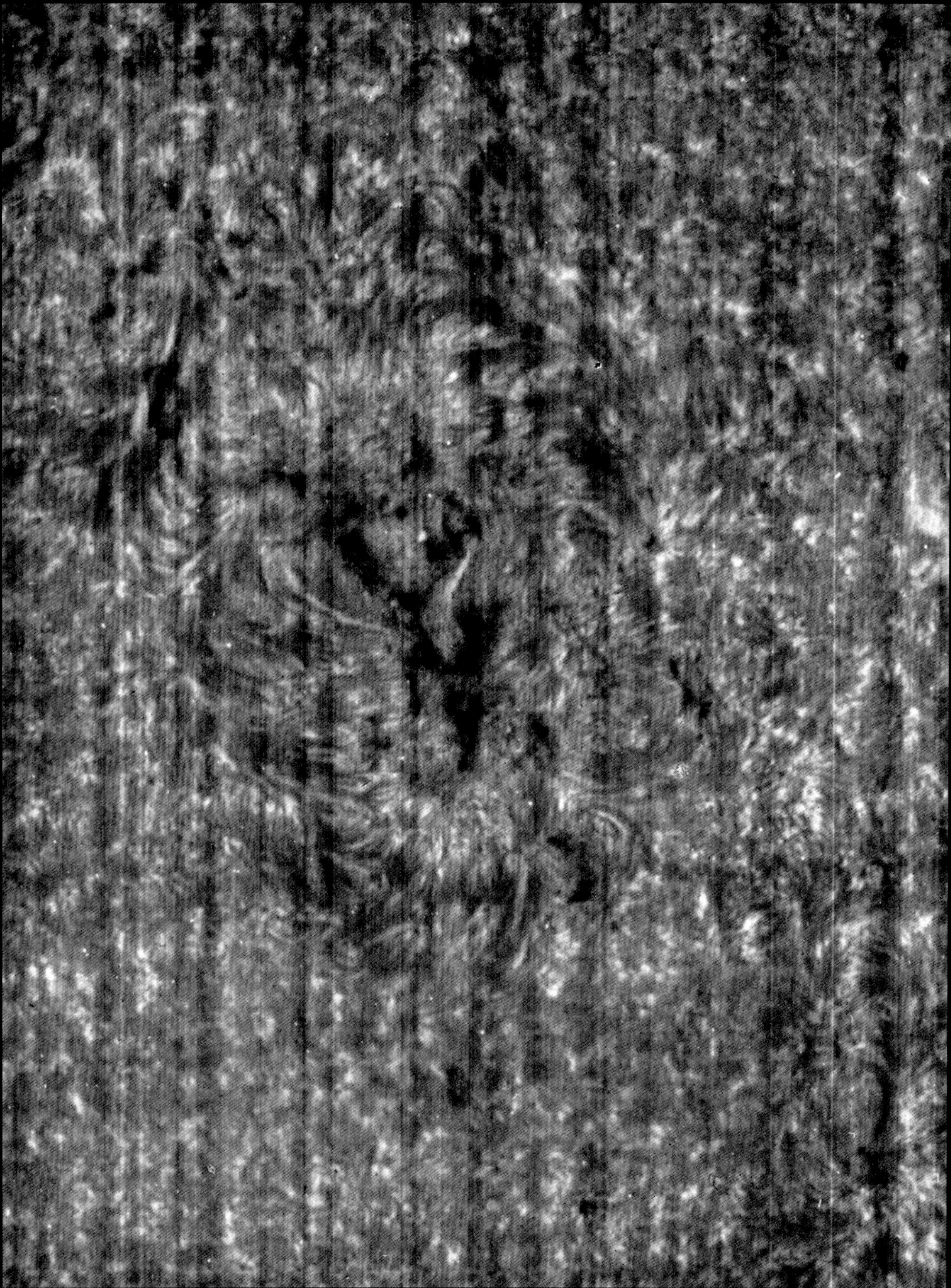

文的一流专业杂志之一。1904年，海尔组织了一个国际科学团体，后来成了国际天文学联合会（International Astronomical Union），国际天文学联合会可以算是世界天文学家的主流专业组织。1907年，他加入了帕萨迪纳的斯鲁普学院（Throop Institute）董事会，并致力于将其转变为加州理工学院。1916年，海尔领导建立了国家研究委员会（National Research Council）。作为美国科学院的工作部门，国家研究委员会执行了美国科学院的大部分科学研究。[3]

海尔试图确定太阳黑子是否是磁化的。事实上，他做测量本身就暗示着他觉得黑子是磁场特征。海尔认为，磁场大概是由电流产生的，在1908年的一期《天体物理学杂志》上，他将磁场描述为环绕黑子的旋涡（图5），尽管他的描述似乎表明他把黑子看成是类似地球上的气旋："看这些照片，很明显的，太阳黑子是中心，吸引着太阳大气中的氢涌过去。"

海尔决定应用一种新的方法测量磁场，在此之前，这种方法只被用来研究来自遥远目标的光。早在1896年，荷兰科学家彼得·塞曼（Pieter Zeeman，1902年诺贝尔物理学奖得主）曾发表论文宣布，他发现了测量热气体中的磁场的方法，即仔细分析气体发出的光。塞曼宣称，发光气体中原子的能级（能量值）会因为磁场的存在而略有移动，因此对发射的光的波长有轻微的改变。他在论文的最后提出，这种方法在天体物理中会很有用处。海尔将塞曼提出的这个方法运用在太阳黑子的研究上，结果发现了"金子"——找到强磁场存在的确凿证据。

环绕黑子的旋涡

图5 海尔看到了太阳黑子附近的旋涡状结构，坚信它们是磁场特征。谈及这里展示的太阳黑子，海尔写道："清晰可辨的螺旋，表明了气旋风暴或者旋涡的存在。"要注意的是，图像中的竖条并不是太阳上的，而是制作图像时人为产生的。

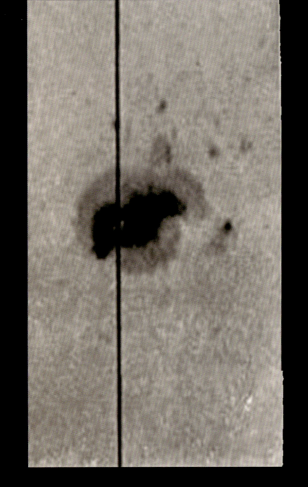
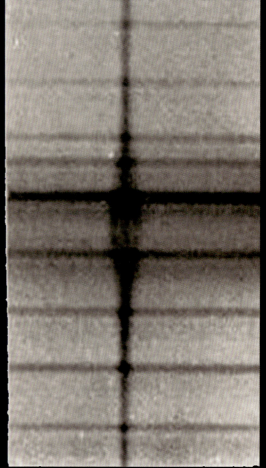
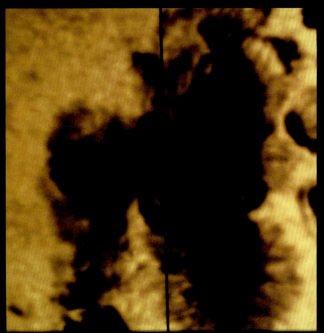

上面的图像来自海尔于 1919 年发表的论文，正好论证了太阳黑子中的塞曼效应。望远镜把太阳图像汇聚到一块带有狭缝的闪亮平板上，狭缝则处于太阳黑子所在位置。如图 6 上部左侧图中看到的那样，竖直的黑线是狭缝，中心的暗处是太阳黑子，来自黑子的入射光可以透过狭缝。入射光穿过狭缝，然后按不同波长展开。选定一个对磁场敏感的特殊波长进行分析，结果显示在右侧图中，波长沿左右方向展开，但是黑子区域的光有些奇怪。为什么会这样呢？这是因为磁场能引起太阳气体原子能级的移动，从而导致原子发射的光的波长分裂成几部分。这一点，和塞曼的描述完全一致。这种波长分裂和光的其他详细特征（例如不同角度的偏振）一样，显示了来自黑子的光产生于一个有强磁场的地方，这种磁场强度比地球平均磁场要强几千倍。塞曼本人对海尔

的文章写了如下评论——"海尔教授显然给出了太阳存在强磁场的决定性证据，磁场的方向大体上垂直于太阳表面。"

极强的磁场穿过太阳表面，产生了太阳黑子，这就是黑子现象的本质。不过，大部分人很难想象出磁场是什么样子的以及磁场会产生什么影响，所以，我们有必要先了解磁场。

论磁石

在欧洲，1600 年是颇不平凡的一年：乔尔丹诺·布鲁诺（Giordano Bruno）因支持日心说，被当作异端活活烧死；英国东印度公司宣告成立，该公司成了大英帝国扩张的基地；欧洲的气候变得寒冷而湿润，使得老鼠疯狂繁殖，瘟疫蔓延……就在这一年，一位名叫威廉·吉尔伯特

图 6 上图：这里展示了让海尔相信太阳黑子磁场特征的测量结果，从来自太阳黑子的光中观测到了塞曼预测的波长分裂模式。左侧图中的竖线是单色光照相仪的狭缝，来自太阳的光可以通过狭缝照到胶卷上。右侧图展示了对应的光谱，通过狭缝的光按照波长展开。在狭缝穿过太阳黑子的地方，强磁场使得谱线分裂成三部分。水平线是由用于测量的滤光器造成的。
下图：同种测量的现代版本，来自美国亚利桑那州基特峰天文台麦克梅斯—皮尔斯太阳观测设施（McMath-Pierce Solar Facility）。

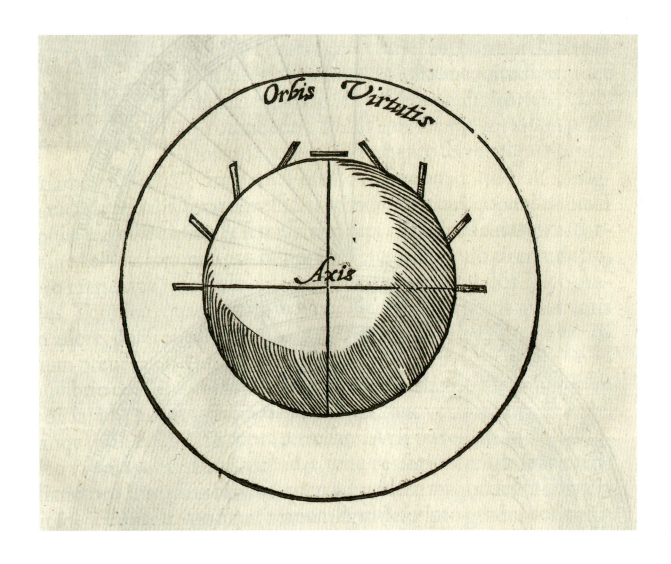

图 7　这张图片来自吉尔伯特的著作《磁石论》(*De Magnete*)，展示了如何将地球看作一个大磁石，并且解释了不同纬度上罗盘倾斜角的变化。注意，在这幅图上，赤道是垂直方向的，磁极在左右两边。

（William Gilbert）的伦敦内科医生（英格兰女王伊丽莎白一世的御医、英国皇家学会物理学家）出版了一本叫作《磁石论》的书，讨论了磁性物体，并声称地球本身就是巨大的磁石（图7）。1603年，瘟疫爆发，吉尔伯特不幸去世。

在黑海、爱琴海和地中海之间是安纳托利亚半岛，又称小亚细亚，现在半岛大部分属于土耳其共和国领土，早在新石器时期就是亚欧之间的重要文化枢纽。在半岛西边的爱奥尼亚地区，一个叫作马格尼特斯（Magnetes）的古希腊部落建立了一座重要的大型商业和贸易城市，被称为马格尼西亚（Magnesia），这里离米利都（Miletus）只有一天的路程。米利都的哲学家泰勒斯（Thales）发现了一种特殊的石头，可以吸引铁以及和铁同类的石头（在中国，更早的时候就有关于这种现象的记录）。在西方，这种特殊的石头被磨成条状，并用细线悬挂起来，为人们导航，因为它的两端会指向南北方向。有个古英语单词叫lode，意为道路或路线，于是这种找路的工具被称为道路石或者磁石（lodestone）。

道路石或者磁石的奇特之处在于，它不用直接接触，只要在一定的距离范围内就可以发挥作用。磁性弱的磁石，即使在几厘米外，也能吸引铁；磁性强的磁石更不必说，距离更远也能吸引住铁。由此表明，磁石是被某种场或者力场所包围的，这是它可以在一定距离起作用的另一种说法。这种场的概念最终产生了丰硕的成果，尤其是可以用定量的数学方法描述场的特征。比方说，可以通过实验直接看到环绕一块磁石的场的形状：在磁石上铺一张纸，并在纸上撒一些细小的铁片（或者铁屑），就会出现场线的形状，场线从磁石的一端（极）开始，到另一端（极）结束，呈拱形环绕着磁石。

磁石两极的相互作用类似两种类型的电荷，相反的磁极互相吸引就像相反的电荷相吸，磁极互相排斥也像电荷互斥一样。因此，如果你让一块磁石靠近另一块磁石，它的北极会吸引另一块的南极。正如吉尔伯特证明的，地球本身就像一个巨大的磁石，有北极和南极，虽然不是完全和地理的南北极一致（地球的磁轴有10度左右的倾角，并缓慢移动。我们将在下面的章节讲到）。一块磁石的北极被定义为指向地球地理北极的那头，所以在地磁场北边的一极实际上是地球磁场的南极。

回到海尔的测量实验。如果地球有磁性，并且太阳上有旋涡结构让它们看起来有磁性，那么像海尔那样测量并找出太阳黑子是否真的有磁性就说得通了。

什么是太阳黑子？

好了，现在可以解释太阳黑子了。前文图2中，我们看到了太阳黑子的美丽图像，但是它究竟是什么呢？

我们可以将这张图分为三个主要部分。首先，有一个暗的、近似圆形的区域，叫作本影，是我们看太阳时可以直接用眼睛看到的黑点（观测时须小心，并采取适当的防护措施）。其次，本影边缘的旋涡叫作半影，在图像中为红棕色，多为线状。这两个词汇是用于解释影子的，并不真的适合描述我们看见的黑子，但是用肉眼和小望远镜观测时，太阳黑子看起来确实像是日食中所见到的或深或浅的影子。最后，还有一个背景区域，包含了大量的金色米粒状结构，被称为"米粒组织"。它们是太阳上没有黑子区域的常见背景，代表了黑子浮现前的普通日面。它们是一种被称为对流的运动形式，常见于气体或者液体被从底部加热时。太阳也许看起来像是固体，但它其实是一个主要由氢和氦组成的巨大的稠密气体球。描述太阳的最佳词汇是流体，这个描述包括了液体、气体和等离子体等可能的状态（等离子体是一种特殊的液体或者气体，其中的电子被从原子中分离出来，使得这种材料可以导电）。

补充说明一点，流体具有有序性。在通常的用法中，流体和液体是同义词。但是从物理的角度看，流体的基本特征是它在压力下会改变形状。水装在容器里，会成为和容器一样的形状，会在引力的作用下，从打翻的容器中流出来，而不是像冰块那样呈块状掉出来。[4] 气体也如此，使用风扇吹气时，旋转的叶片推动气体流出，发生和液体同样类型的变形。气体和等离子体也是流体，就像液体一样可以变形和流动。

我们在太阳表面看到的米粒是流体的流动，像是一锅翻腾的沸水，锅底的水试图将从火焰中吸收的热量传输到水面，然后再将热量释放到空气中。太阳上的情况也类似，驱动太阳的核反应所产生的能量从内部发出，然后通过可见日面释放出去。对流（一种流体运动）是一种高效的转移热量的方式，经常出现在液体和气体中，将物质从热的地方移动到冷的地方。比如说，地球大气层中有大尺度的对流循环，将来自赤道的暖空气向上送到极区，又将极区的冷空气向下送回赤道。因此，就像地球大气一样，太阳不是一个固

热传输循环图

图 8　流体下方的热源会将流体局部加热，使其密度变小从而上升，因此引起了向上传输热量的流动。然后这些流体通过横向流动以避开后续的上升流体，随后再冷却和下沉，完成一个热传输循环。

体，它有多样化的运动，这是流体可以做到但是固体做不到的。

没有太阳黑子时，太阳表面随处可见米粒状的对流图案。黑子是太阳"正常"表面的一处异常区域，不含有这样的米粒组织。这些改变是解释我们在图像中看到了什么的关键。首先，为什么黑子是暗的？细致的测量表明，这是因为黑子

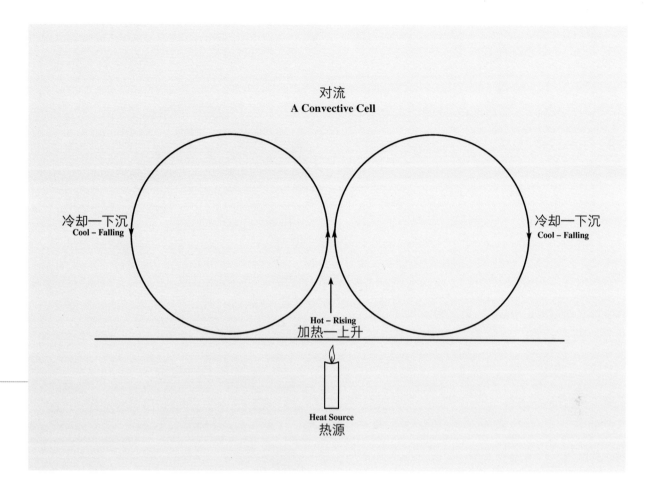

对流
A Convective Cell

冷却一下沉
Cool – Falling

冷却一下沉
Cool – Falling

Hot – Rising
加热一上升

Heat Source
热源

比太阳上其他部分更冷。这里说的"更冷"是相对的，黑子的温度通常为 3 000 ~ 4 000 K（开尔文），而太阳发光的、布满米粒的表面——光球（photosphere），温度达 5 780 K。所以黑子的温度和亮度实际上跟 M 型矮星这种质量更小、温度更低的恒星一样，比太阳暗很多。随着温度降低，受热物体发出的光量下降得很快，M 型矮星

个头也比太阳小，两者结合起来看，M 型矮星发射的光就少得多。典型的黑子的温度、亮度是光球温度、亮度的五分之一。如果整个太阳表面都是同一个亮度，我们可以看到一个"完美无瑕"的太阳，但是黑子会变成暗红色的。因为眼睛和相机会按照平均亮度水平来"测光"，所以黑子看起来是"黑"的，只是因为和周围相比较暗而已。

然而到这里，还只是解释了一半：黑子是暗的，因为它们（相对的）冷。但是，为什么它们冷？为了回答这个问题，我们需要回到磁场的本质和1820年丹麦科学家汉斯·克里斯蒂安·奥斯特（Hans Christian Oersted）的发现。奥斯特是哲学家伊曼纽尔·康德（Immanuel Kant）及其关于统一的自然理念的追随者，也是哲学家弗里德里希·谢林（Friedrich Schelling）的朋友。谢林基于整个自然都应该从单一的基本原理推导出来的理念，成立了一所自然哲学（naturphilosophie）学校。奥斯特对电和磁感兴趣，并且寻求一种能够统一它们的方法。他在一次讲课时，留意到导线中的电流使得附近的磁罗盘偏转，并且罗盘所指的方向与导线方向成直角。他决定追踪这一奇怪的效应。经过详尽的实验，奥斯特确定，通过导线的电流会在垂直于电流方向的平面产生环绕的磁场：想象磁场形成一个同心圆，类似于牛眼的形状，电流就像箭头一样直指牛眼中心。导线中的电流以某种方式对周围空间产生影响，并引导至垂直方向。这一发现将电和磁这两种不同的场的研究结合在一起，激励了其他人去进一步研究，比如安德烈-玛丽·安培（André-Marie Ampère）和后来的迈克尔·法拉第（Michael Faraday），最终发展出了物理学的一个新领域——电磁学。

这些实验室里的发现让我们了解到，电和磁似乎有对称性：带有磁场的磁针会因电流而偏转；如果有电流流经磁场，电流同样也会被磁场偏转，并且被迫环绕磁场。只有电流平行于磁场，而不是试图穿过磁场时，电流的方向才不会被偏转。因此，组成电流的带电粒子更容易沿着磁场而不是穿过磁

不只在太阳大气，甚至在冥王星表面的冰层，我们都可能发现了"对流元胞"存在的迹象。图为新视野号探测器拍摄的冥王星表面。

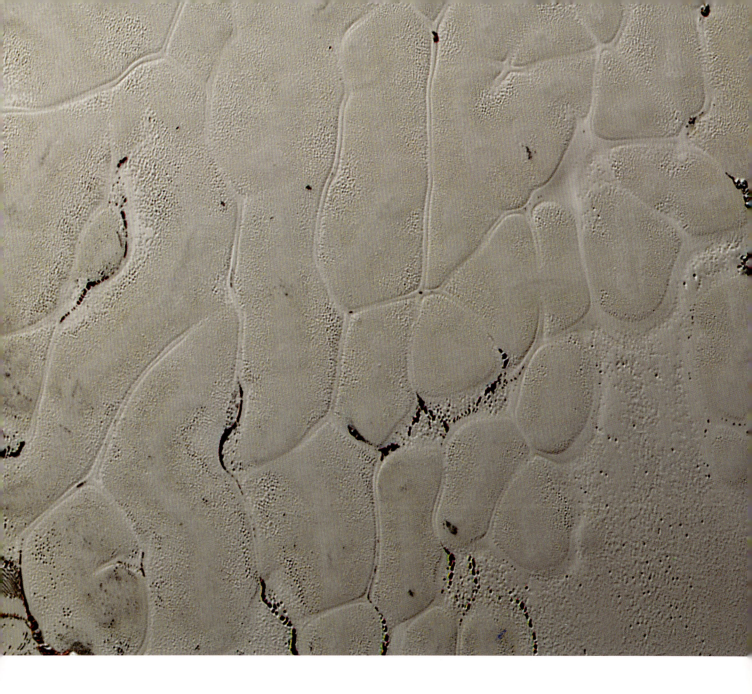

场运动，并且因为磁场的存在，带电粒子最终会被束缚着沿着磁场方向运动。

　　这就是我们在太阳黑子附近看到的情景。光球和它的对流元胞处于不断的翻腾运动中，热流体上升，像熔岩一样铺展开，然后冷却。就像图8所展示的，（相对）较冷的流体从对流元胞边界处缩回去。当太阳黑子的强磁场侵入冒泡的、具有传导性的光球等离子体时，它会阻碍对流运动，防止热物质越过强磁场束的边界，反而把这股流体转移到未被扰动的、无磁场的周边区域。这种对对流物质自由流动的封锁，抑制了对流携带热量加热太阳表面的能力，导致了更少的热量被输送到磁化区域，使得它比周围区域更冷。因此黑子最终变得更冷，看着更暗。

看看图 9，它解释了黑子附近区域的可见日面之下发生的部分事件，尽管我们还不完全理解那里的物理机制。事实上，不管是在太阳黑子的内部，还是它的周围，都有大量的事情发生，包括一大束强磁场，日面正下方的蓝色漏斗状区域显示这里的声速慢，表明温度较低；再下面一点儿，模糊的、分辨率较低的红色区域声速较快，表明温度较高。这列强磁场按箭头方向所指示的那样，形成了翻腾的流体运动的海洋。太阳黑子的出现，如本章开头图片所展示的那样，是由流体的上涌流和侵入的磁场束之间的相互作用所决定的，是这些过程最终达成和解的结果。

图 2 所显示的区域测量表明，最初在黑子中心的本影中间，磁场束是垂直的，但是当我们把观测点从中心向外移动时，磁场开始减弱并偏离垂直方向。对于较大的黑子，磁场束边缘的一些磁场会突然折回表面，形成虹膜状的黑子半影。本影和半影之间为什么会形成锐利边界，目前尚不清楚，这里有很多我们仍无法完全理解的事情：日面下的磁场束是类似一束扎紧的鲜花，还是分散成大量的小磁场束，像水母的触手又或者是美杜莎的头发与意大利面那样？

无论哪种，当我们向下移动，磁场强度会增加。当我们更加深入太阳内部，太阳的压力不断增大，将磁场挤进更小的横截面中，形成漏斗状结构，这也是太阳黑子比正常日面更冷的原因：热流沿着磁场束向上流动，并在向上运动的过程中展开，这是因为磁场结构在直径上是增长的。因此，热被稀释了，它被分布到了更大的区域里，黑子最终就比周围的无磁场日面具有更低的能量密度。

还有一个小谜团：如果黑子是与典型区域相比有较少功率被辐射出去的地方，这些功率被从强磁场束分散出去了，那一定得有一些地方具有比通常更高的功率被发射。在前面展示的模型中，鉴于从黑子分散出来的能量，应该有一个围绕黑子的亮环存在。然而不管是多么细致和灵敏的测量，都没有观测到这种环。为什么呢？答案似乎是，太阳上的米粒组织携带能量的能力非常高效，不仅仅是在从太阳内部到表面的垂直方向上，同时也在水平方向上，超出的能量被这些冒泡的米粒非常有效地分配了。就在它们冒出来向四周展开的时候，带着热量穿越了黑子周围的大片日面区域。这最终将超出的能量稀释到了很小的水平，让亮环效应小到无法被观测到。

这一章开始于讨论可见的、可以裸眼观测的太阳黑子，按理说，我们应该停留在讨论太阳表面能直接看到的部分。但是，不知怎地，我们也讨论了日面以下的太阳深处发生了什么。我们怎么可以知道无法直接看到的地方发生了什么呢？这将是下一章的话题。

图 9　侵入太阳对流区的强磁场束，与太阳表面附近上升和下降的流体运动之间相互作用，从而决定了太阳黑子的复杂动态性。日面正下方的汇聚流有助于将太阳黑子聚集在一起。

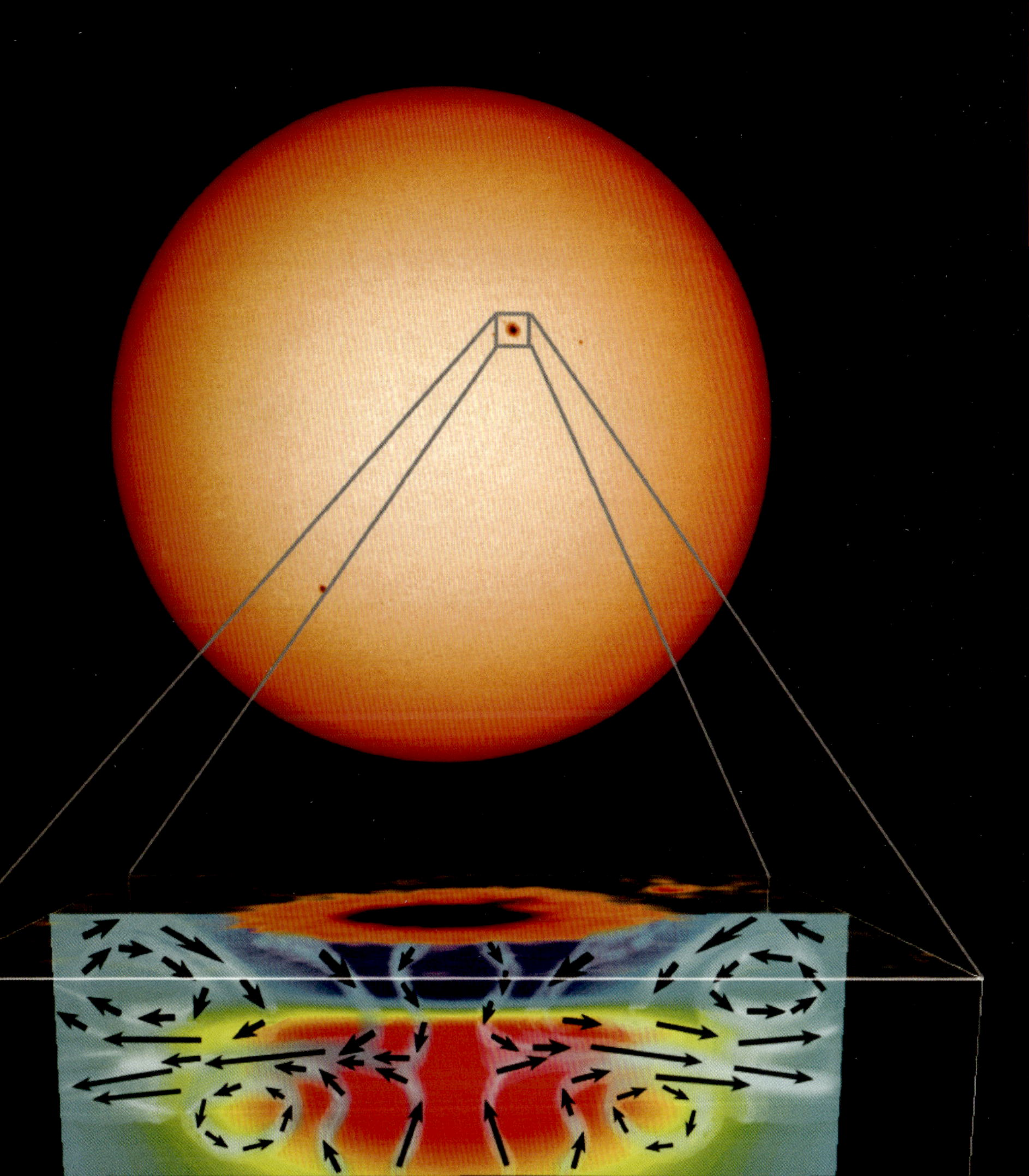

CHAPTER 02

LOOKING INSIDE THE SUN
透视太阳

法国国家科学研究中心的科学
家于 2018 年发表的太阳黑子
周边磁场数值模拟图像。

地时间 2011 年 8 月 23 日下午 1 点 51 分，美国东海岸发生了 5.8 级地震，震中位于弗吉尼亚州。这并不是特别大的地震，加利福尼亚（美国西海岸的一个州，属于地震多发区域。——译者注）的一位朋友给我们其中一个人写信，信里写道："我们甚至不会因为一次 5.8 级地震而中断聊天！"但是，对于地震发生地区的人来说，这并不寻常。这次地震，从佐治亚州到加拿大的居民都能感受到。在短短的几分钟内，地动山摇式的震荡从几百英里波及到几千英里之外。留心的人们甚至可以细致地感受到震荡的两个阶段，第一个阶段是上下移动，几秒之后，进入左右摇晃的第二个阶段。这个事件虽然简单，却蕴藏了理解地球以及太阳的丰富可能性。

理查德·迪克森·奥尔德姆（Richard Dixon Oldham）是一位英国地质学家，他于 1858 年生于都柏林，后来在印度地质调查局工作。尽管他自认为是地质学家，但是被人熟知却是由于在地震学领域对地震的研究。在喜马拉雅山区工作期间，奥尔德姆写了一份重要的报告，报道了印度东北部阿萨姆地区于 1897 年发生的大地震。喜马拉雅山脉是由印度板块和欧亚板块碰撞，造成地壳隆起，从而形成的一系列巨大山峰。在这份报告中，奥尔德姆详细地叙述了隐伏断层的本质，并指出它和地震波的关系，当地震发生时，巨大的能量从隆起区（震中）释放，产生地震波并传播出去。

奥尔德姆于 1903 年退休，并于 1906 年发表了一篇关于地震研究的论文，详细地分析了地震波的产生。对此他有两项重要的发现：第一，一次地震会发出若干不同种类的波；第二，从地球另一侧探测地震源，发现了另外一种类型的衰减波。通过后一项发现，奥尔德姆得出一个令人惊讶但正确的结论——地球有一个由某种比外层地幔传输波更慢的物质组成的核，他甚至对这个核的大小做出了相当精确的计算。

图 10　太阳剖面图，展示了太阳的一种振荡模式。

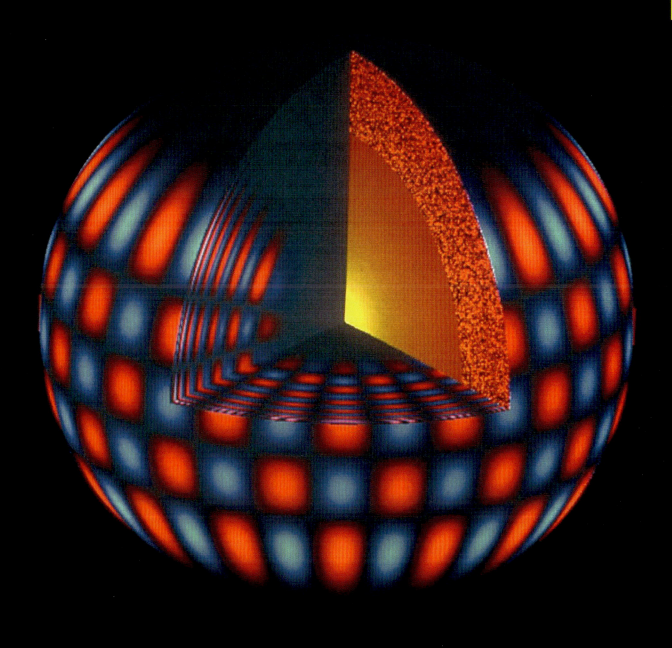

在1906年的论文中，奥尔德姆推论说，对地震波的详细研究可以用于探测地球内部：

　　正如分光计让天文学家得以确定遥远恒星的化学组成，从而开辟了天文学新领域，地震仪记录着遥远地震难以觉察的移动，让我们能够看到地球内部，并以很高的精确度确定它的本质，就好像我们能够打通一条隧道贯穿地球，并从其中采集样本一样。

这段话引自他的论文，里面包含了大量的内容，我们将会通过以下内容给予解释。在1900年，奥尔德姆已经表明，来自地震的扰动以三种波的形式传播：表面波、压力波（也叫P波）和"变形的"波（剪切波，也叫S波）。我们在海洋上看到的波浪就是表面波，表面波沿着两种不同密度的介质的分界面传播，对于海浪来说，这两种介质是水和空气。表面波是三种波中移动最慢的，也是最具破坏性的。移动最快的波是压力波（类似声波，属于纵波的一种，纵波是指质点的振动方向与传播方向同轴的波。——编者注），它是由弹性物质受到挤压，产生压缩和舒张的反复振荡并穿过物体产生的。这种类型的波在介质内部传播，而不是沿着它的外表面。具体是什么样子呢？我们可以通过弹簧来模拟。如果你握住一段弹簧的一头，将它竖起来，然后开始上下移动，这时弹簧会振动，这种振动就类似于压力波。第三种波是横波，通过左右摇晃，也就是剪切物质而产生。这种波也是在介质内移动，通过物质侧向的振动传播。横波的一个值得注意的特点是它们不会在液体内传播，因为如果液体被左

地震仪测量结果图1

图11　遍布地球表面的地震仪阵列被用于确定哪里发生了地震，当地震波通过某些物质到达测量仪器时，也可用于研究它们的性质。在图示的情况下，大部分地震仪测量到了P波和S波两种波，但是有两个台站（标记为−S）没有接收到S波，表明在交叉线阴影区域的某处埋藏了液体。

地震仪测量结果图2

图12　对地球内部不同位置的多次地震探测，可以提供地球内部组成的更详细的信息。图中，第二次地震在地震仪阵列中产生了一系列的数据记录，其中有两个不同位置的仪器未检测到S波。将两次事件的数据结合起来，有助于定位地面下的不允许剪切波通过的区域。

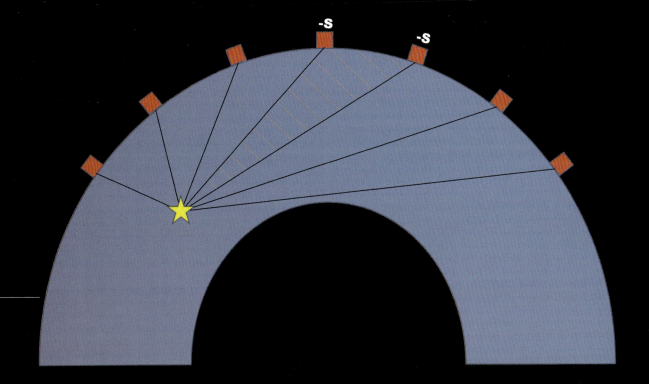

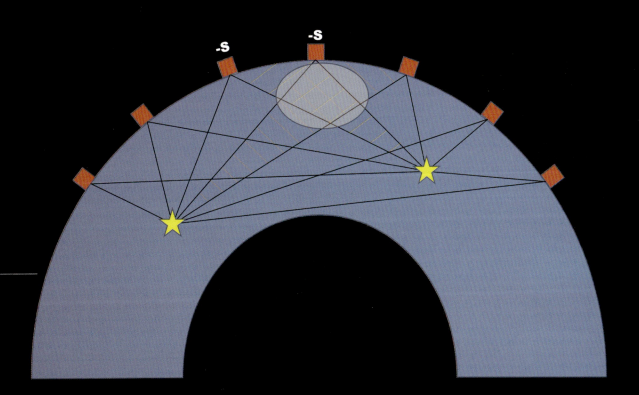

右摇晃，它们只会流到一边，没法产生波。[5]

奥尔德姆打算如何透视地球呢？假设我们有一系列的地震仪，分散放在地球表面，就像我们实际上做的那样，然后观测一次发生在地球内某处的地震。来自这次地震的波向四面八方传播，并被不同位置的不同仪器探测到。因为到地震仪的距离不同，到达的时间也不同，所以离地震发生点更近的地震仪会更快探测到地震波。这种时间和距离的关系可以用来三角定位追踪扰动源，并找出哪里发生了地震，甚至还可以帮助我们

探索到更多秘密。如图11所示，所有的台站都探测到了P波，但是只有一部分探测到了S波，有一个扇形区域探测不到S波。于是我们知道，由于液体不允许S波穿过，所以交叉线阴影所示的这个扇形区域内部某处包含了大量的液体。

再来看第二次测量实验，探测发生在另一个地方的地震，如图12，可以看到一个不同的不允许S波穿过的扇形区域被选定，这个扇形区域某处包含液体成分。将这两个扇形区域叠加起来，我们找到一个小区域，与两个扇形区域的交叉部分相一致，这个小区域一定含有液体物质。如此一来，我们可以探测到很多地震，特别是如果我们使用灵敏的地震仪，可以探测到小得难以觉察的事件。这就是奥尔德姆写下的"遥远地震难以觉察的移动"。

我们描述的这个过程和医学上计算机断层成像（CT）或者磁共振成像（MRI）扫描中使用的

游泳池底部明暗变化的网格图案是水面纵横交错的波纹与入射阳光相互作用并改变入射光而产生的。

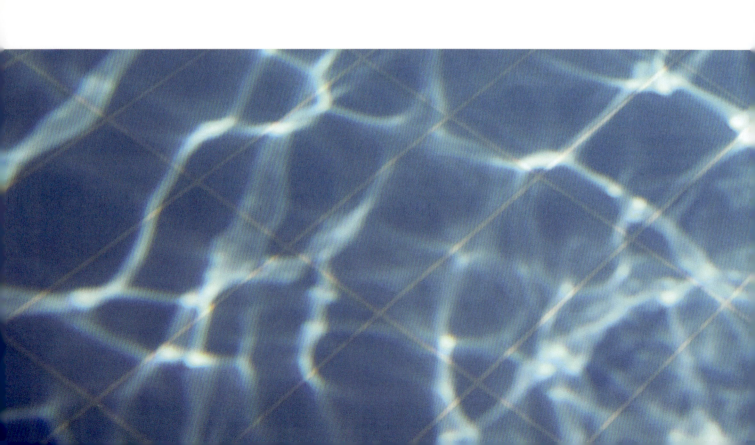

层析成像技术是类似的，一系列的传感器围着目标（比如说你的膝盖）多次有序移动，通过对所有单次扫描的分析，建立起目标内部结构的三维图像。每次扫描只产生被成像结构的一维或者二维投影，但是通过围绕目标各个角度的扫描投影，可以借助计算机分析重构所观察目标的形状。我们通过找流体的例子阐述这一方法，但是它同样可以用于寻找地球内部的很多其他结构特征。基本上，任何可以改变某些波的路径但是不影响其他波的局部特征都可以用这种方法成像。比如说，可以找到一大团较软的具有较慢声速的物质，较慢声速是说声音在那里移动得更慢，因为某些探测器测得的声波到达时间会比基于其他探测器数据估计出来的时间晚。于是你会得出结论，图12所示的椭圆形阴影区域具有和其周围不同的成分。进一步地，你可以测量这个区域内的声速，然后基于你关于不同物质中声速的独立

知识，也许可以推断出是什么物质。因此，只要我们可以让波穿过这些区域并回到表面进行测量和分析，这种分析就可以让我们确定地球内部是由什么构成的。

太阳表面的波

阳光明媚的日子里，当你站在游泳池边准备跳进去的时候，也许会注意到游泳池底部明暗变化的网格图案。如果你对此感到好奇，并寻找这种图案来自哪里，也许很快会认识到，泳池底部的图案是由于水面纵横交错的波纹与入射阳光相互作用并改变入射光而产生的。从本质上来说，当水波在表面形成和移动时，水的厚度会发生变化，形成一些聚焦和汇聚光线的小透镜，造成下方池底的明亮斑纹。至于这些水波和涟漪的源头，可以合理地推断是某种类型的扰动产生了它

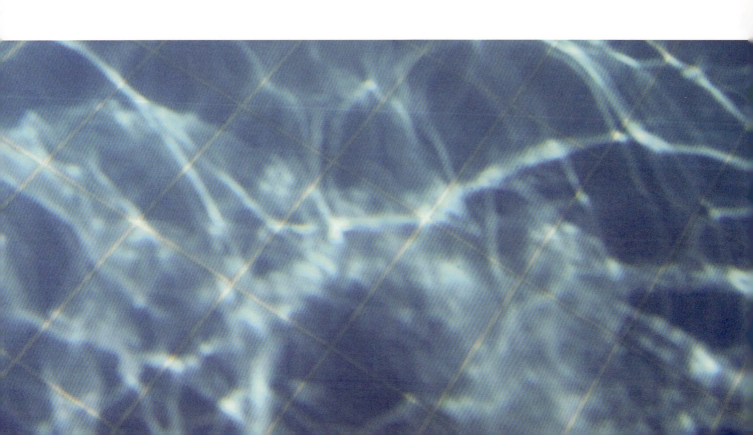

们，这种扰动可能来自强风，也可能来自水中移动的人们。池壁的反射使得水波来回反弹、互相作用，形成水面上看到的复杂的网格状涟漪。

除了可以看到的水波，还有看不到的在水中传播的声波。如果你是一个水肺潜水员，就会留意到声音在水中也能很好地传播。你也可以在你的浴缸中发现这点：如果你低下头让耳朵浸入水下（但是不要把整个脸都浸入，因为你还要呼吸！），然后用指甲抓挠浴缸底部，你会听到清晰的抓挠声。声波作为可压缩波，像穿过空气一样穿过水，它在水中的传播速度更快，事实上，要比在空气中快 5 倍。

当声波从水下到达水面，再被反射回水中时，会造成水面的轻微振动，理论上就可以从水面探测到声波（据报道，这一效应已经被间谍用于从远处探测房间窗玻璃的振动，从而窃听建筑物内的谈话）。这与我们关于太阳的故事的联系在于，20 世纪 60 年代早期，在太阳表面发现了类似的振动，监听这些振动，我们可以推断出太阳内部发生了什么。

罗伯特·莱顿（Robert B. Leighton）于 1919 年生于底特律，后来和母亲搬去洛杉矶市中心，并在那里长大。1941 年，莱顿在加州理工学院获得了电气工程专业学士学位，随后转为

当声波从水下到达水面，再被反射回水中时，会造成水面的轻微振动，理论上就可以从水面探测到声波。太阳表面也有类似的振动，监听这些振动，可以推断出太阳内部发生了什么。

物理专业，并分别于 1944 年和 1947 年获得了理学硕士和博士学位。1949 年，他加入加州理工学院成为一名教师。[6] 莱顿一生共有 58 年的时间花在了加州理工学院，在固体物理、天体物理、粒子物理和射电天文学以及其他领域做出了很多创新实验。他最为人知的成就是从讲课录音整理出版了《费曼物理学讲义》(*The Feynman Lectures on Physics*)，他还撰写了一本名为《现代物理原理》(*Modern Physics*) 的物理学教材，后来被广泛使用。莱顿的诸多兴趣领域也包括太阳研究，他继承并发展了乔治·埃勒里·海尔的研究，革新了太阳物理学科。

1959 年，莱顿发展了测量太阳磁场的现代方法。在海尔以及莱顿同事贺拉斯·巴布科克 (Horace Babcock) 工作的基础上，莱顿设计了一种快速测量太阳上大范围区域的方法，这种方法使用了我们现在称为较差图的手段。较差图通过将一对图像相减，留下一张显示两张图哪里不同、有多大不同的图像，这对于强调图像上偏离平均的区域是十分灵敏和有用的。在数字时代，较差图可以用计算机来完成，但是在 20 世纪最后十年之前，它必须通过漫长的、细致的、某种程度上说也是沉闷的照相方法来完成。比如说，一张图像可以通过接触印相法制成负像。接触印相是在一张空白胶片前放置一张有图像的胶片，再进行曝光。然后负像和第二张图被放在一起打印出来。如果做得非常仔细，那么结果图中灰色的部分是两张原始图中一样的地方，亮或者暗的部分是第二张图相对于第一张有变化的地方，亮表示增加，暗表示减少。

通过这一方法，不仅能够测量黑子内部的强磁场区域，也能测量黑子周围的活动区域，磁场的存在使得波长移动，改变磁场所在位置的图像亮度。除此之外，莱顿意识到通过被称为多普勒频移的小的波长移动，同样的技术可以被用于测量可见日面的运动。在此情况下，波长移动是因为向着或者远离观测者的运动，而不是磁场的存在，但是较差图技术对这两种情况都适用，除了对生成的较差图中差别的解释是不同的，一种显示了磁场的强度，另一种展示了朝向或者远离观测者的速度。

莱顿和他的学生罗伯特·诺伊斯（Robert Noyes）、乔治·西蒙（George Simon）使用这一技术发现，物质水平运动的大尺度元胞覆盖了太阳表面，物质从元胞中心向上运动，从中心向外水平地穿过元胞主体，在边界处下沉。这些大元胞覆盖了太阳表面，同时太阳表面磁场也形成了元胞一样的图案，磁场也更容易在元胞边界上被测量到。此外，他们发现太阳表面普遍存在小尺度的、平均周期约300秒的竖直振荡运动模式（波）。大尺度元胞被叫作超米粒组织（supergranulation），代表它们是我们在图2中黑子外面看到的、更为人知的小尺度太阳米粒组织的大号版本。小尺度模式因为具有300秒的周期，被称为五分钟振荡，这种振荡与米粒组织具

图 13　这张图展示了来自全球日震观测网（Global Oscillation Network Group，GONG）的现代版多普勒图（速度图）。太阳表面的小块区域以五分钟的周期上下振荡，图上分别用蓝色和红色展现了这种朝向或者远离观测者的运动。

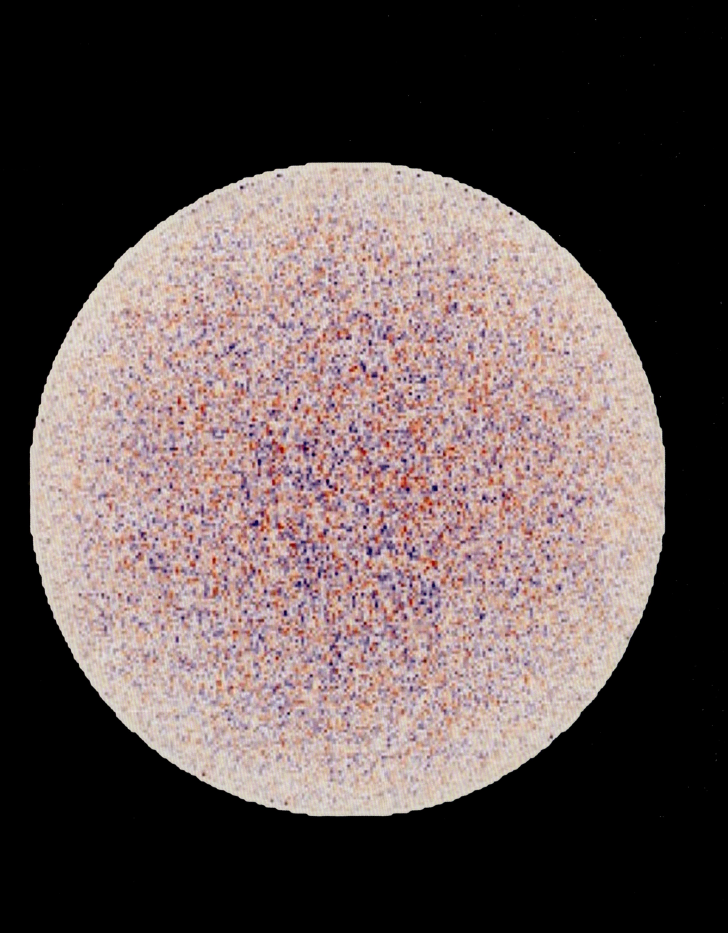

有密切联系。

当时还无人知晓,这就是一门叫作日震学(helioseismology)的新领域的开端,日震学可以让我们透视太阳内部。太阳上的波可以成为我们的地震仪阵列,允许我们测量穿过太阳到达太阳表面的波。

太阳内部的波

约翰尼斯·开普勒(Johannes Kepler,1571—1630)因其行星运动三定律而广为人知。开普勒三定律基于对第谷·布拉赫(Tycho Brahe)细致观测的分析,改进了老旧的哥白尼模型,证明了行星沿着椭圆形而不是圆形轨道绕太阳运行,太阳位于每颗行星椭圆轨道的一个焦点上。为了确保用于计算的观测结果尽可能地精确,开普勒调查了各种观测误差,包括由来自遥远天体的光穿越地球大气到达观测者的途中所产生的弯曲造成的误差。他尤其专注于对地平线附近的天体的观测,这里的弯曲效应最大,得到了预期位置对实际位置的详细观测结果(他离推导出折射定律只有一步之遥)。导致折射的原因是,当波穿过介质时它的传播速度会发生变化。无论是声波还是光波的传播,原理是一样的:扰动会从传播快的那部分介质向传播慢的那部分弯曲。[7]当通过一种稠密的介质的时候,这种光线弯曲对太阳内部研究很关键,因为它让我们可以将穿过太阳内部的波和在日面上观测到的波联系起来。

像铃铛一样响

在发现五分钟振荡和超米粒之后没过几年,罗杰·乌尔里希(Roger Ulrich),与约翰·莱巴彻(John Leibacher)、罗伯特·斯坦(Robert Stein)两人,分别独立地展示了这种表面运动是更广大的波的网络的一部分,这一网络覆盖了日面并深入太阳内部。在各种可能存在于太阳中的波里面,实际被观测到的主要类型的波是声波,一种压缩或压力波,被标记为 P 波。这种波可以在太阳内四处传播,但是当它到达顶部,也就是光球层时,会因为密度在边界处急剧下降,而被反弹回来。向下运动的波发现自己正在经过一个声速变化的介质,压力和密度向太阳内部增加,造成声速增加。向内运动的波会从高声速的区域偏转,所以在这种情况下它们会向上折射,从内部回到表面(图14)。向下和向上移动的波互相

P 波在太阳内部传播图

图14 P 波又叫压力波,它在太阳内部的旅行可能被限制在一个区域:在区域顶部会因为日面附近密度陡降而被反弹回来;在底部,声速的增长又使向下传播的波折返回表面。当这些波回到表面,并被探测和分析,就可以揭示它们所经过的太阳内部的信息。如图所示,长波穿透得更深,有更长的周期和更短的频率。如果我们想要知道太阳深处的状态,就需要探测这些长波,需要在日震和磁成像仪(Helioseismic and Magnetic Imager,HMI,是太阳动力学天文台上的一台主要仪器。——译者注)或全球日震观测网上进行长时间的不间断观测。

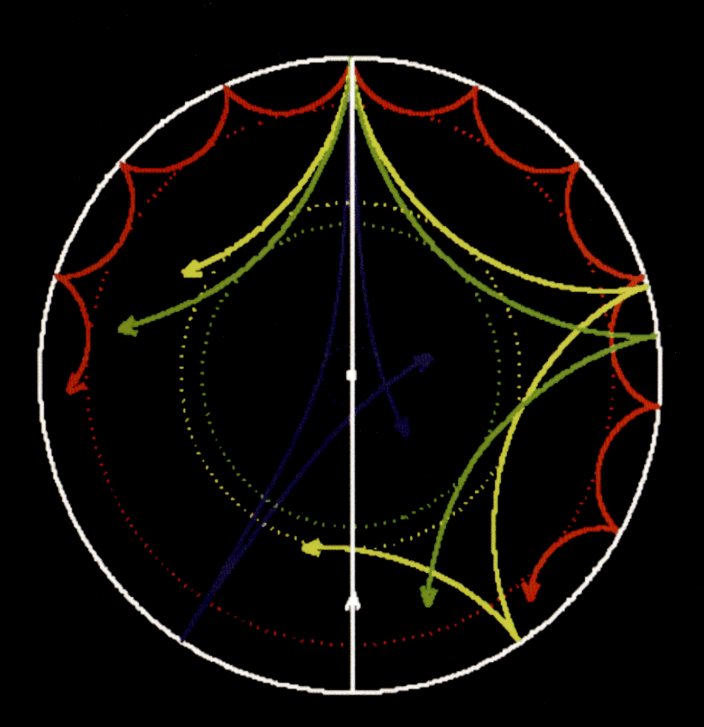

作用，产生了共振，只允许一些特定离散频率的波存在，就像振动的弦或者摇响的铃铛一样。在日面，我们可以探测穿过太阳又返回来的波，并同没有进行这趟往返旅程的波做比较。

有数百万不同频率的波被发现，由频率中心大致在五分钟左右的波谱主导。本章开头的美丽图像描述了其中一种波的模式。原来，五分钟振荡是穿过太阳内部的不同模式的波在日面的表现。通过清晰的分析，在表面看到的膨胀振荡可以揭示返回波在穿过太阳的旅途中的经历，很像

是奥尔德姆在印度分析地震产生的地震波从而揭示了地球内部的详情。

从这一分析中得到的一个主要结果是，太阳的较差自转在其内部也继续存在，较差自转是指太阳赤道转得比极区快。结果表明，较差自转只存在于太阳半径靠外面的三分之一部分，也就是被称为对流区的地方。在对流区的底部，太阳像地球一样有一个核心区域：较差自转终止于从外向内30% 太阳半径处，从这往内，太阳像固体一样自转，所有的部分都一样地转。图15 中展

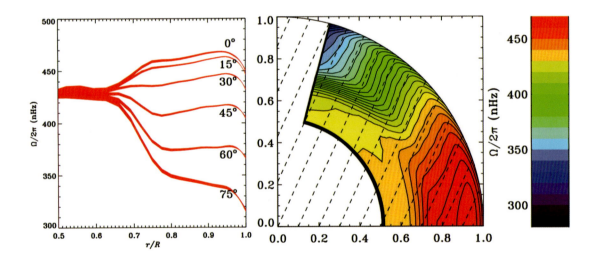

图15 日震学创立之后就确定了太阳内部流体的运动方式，可谓是首战告捷。研究结果表明：太阳赤道转得比太阳南北极快，太阳内部转得比太阳表面快。上图用两种不同的展示方法，来说明这一结果。左图展示了特定纬度上的转速随太阳内部不同深度的变化。其中横轴表示深度，范围从离太阳中心一半的位置（0.5r/R）到太阳表面（1.0r/R），纵轴表示转速（每秒多少圈，单位是纳赫兹）。在纬度为零的赤道上自转最快，随着向极区方向纬度的升高（图中15度、30度、45度等曲线），转速逐渐变慢了。当沿着横轴向左，也就是向太阳内部移动时，转速曲

线汇聚到了一起，它们在从太阳表面算起约35% 太阳半径（0.65r/R）的地方相遇，表明在这个深度，所有纬度的转速都是差不多的。也就是说，在太阳深处有一个球状核心区域没有较差自转，而是像固体球那样整体旋转（刚体自转）。右图用彩色等高线图的方式展示了同一研究结果。红色区域对应着最快速的旋转，蓝色区域表示最慢的转速。研究认为，太阳的强磁场就产生于较差自转和刚体自转的交界面处。从右图上可以看到，在0.7r/R 的位置以内，不同颜色的差别消失了，都成为了黄色和金色，表明在这个深度之内，太阳各部分的转速基本一样。

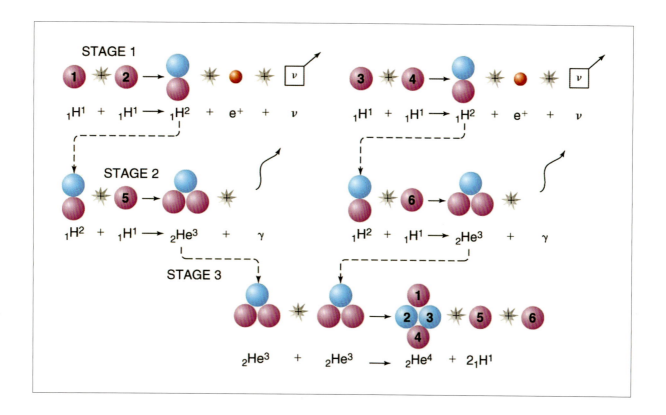

STAGE 1

$_1H^1 + {}_1H^1 \longrightarrow {}_1H^2 + e^+ + \nu$

$_1H^1 + {}_1H^1 \longrightarrow {}_1H^2 + e^+ + \nu$

STAGE 2

$_1H^2 + {}_1H^1 \longrightarrow {}_2He^3 + \gamma$

$_1H^2 + {}_1H^1 \longrightarrow {}_2He^3 + \gamma$

STAGE 3

$_2He^3 + {}_2He^3 \longrightarrow {}_2He^4 + 2{}_1H^1$

图 16　在太阳内部，氢核（质子，图中表示为红色）在高温高压的状态下，通过一系列步骤聚变转化成氦。其中一些步骤包含了质子衰变成中子（图中表示为蓝色），并释放一个正电子和一个中微子。ν 表示中微子；γ 表示短波长的光，被称为伽马射线。

示了这种自转模式的改变：在日面附近，不同纬度的自转曲线分开得很远，但是在半径为太阳半径 65% 处，它们聚拢到了一起。如图 15 右边金黄色区域内间隔很小的、近似水平的等高线所指示的那样，在一个清晰的边界上，在太阳内部的一个薄层内，自转速率发生了很大的变化。这个剪切层，就像它的名字一样，将会在下一章发挥主要作用，在太阳深处生成强磁场，然后涌现到日面，产生黑子和与黑子相关的现象。

日震学在帮助解决长期存在的"太阳中微子问题"方面也起到了作用。深入太阳的核心，温度是如此的高，以至于氢原子核，也就是质子，不顾它们具有相同电荷产生的互相排斥，会高速地碰撞；当它们靠得足够近时，能够合并形成较重的元素。图 16 展示了一系列这样的相互作用，被称为质子—质子链反应，通过这种高速碰撞产生了一系列的较重原子核，从一个质子的氢到两质子两中子共四个核子的氦。中微子作为反应链

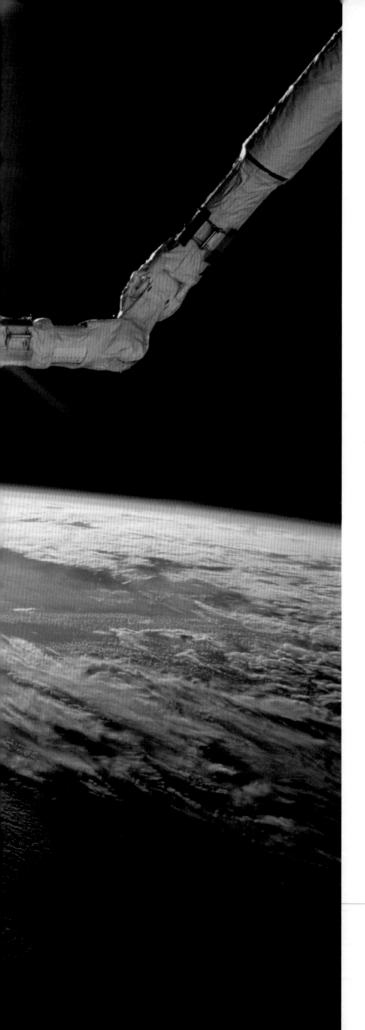

条中的一部分被发射，并离开太阳，使得我们可以从地球上探测到它们。问题在于，探测到的中微子数量只有预期的三分之一，而此后科学家们经过很多年的艰苦探索，也没找到合理的解释。

因为中微子与常规物质的相互作用很弱，中微子实验是人尽皆知地难做，所以解释首先要从实验本身来开始。这一过程包括详细地核对实验方法，也包括使用不同的方法构建不同的实验，结果表明解决办法是在别处。另一种实验是更改太阳内部结构模型，使之产生更少的中微子。然而以上尝试都没成功，主要是因为由日震学所确认的太阳内部温度结构模型，无法做出足够导致中微子数量差异的改变。这表明我们需要改变对中微子的理解，研究人员转向布鲁诺·庞蒂科夫（Bruno Pontecorvo）1958 年的提议，他注意到应该有三种类型的中微子，如果它们不是像光子一样的无质量粒子，而是有很小的质量，那么它们会以一种振荡的方式自发地相互转化。这样一来，太阳中微子一开始的类型是电子中微子，在它们飞向地球的过程中则转化为全部三种类型的中微子（即电子中微子、μ 中微子和 τ 中微子。——编者注）。然而最初的实验被设定为只对电子中微子敏感，因而他们只能探测到总数的三分之一。后续建造的实验设备经过探测，结果表明的确如此。

太阳中微子一开始的类型是电子中微子，在它们飞向地球的过程中则转化为全部三种类型的中微子。

CHAPTER 03

A SOLAR PULSE
太阳脉动

美国天空实验室空间站于 1973 年
6 月 10 日拍摄的太阳爆发时几个不
同波段单色图像的并列比较。

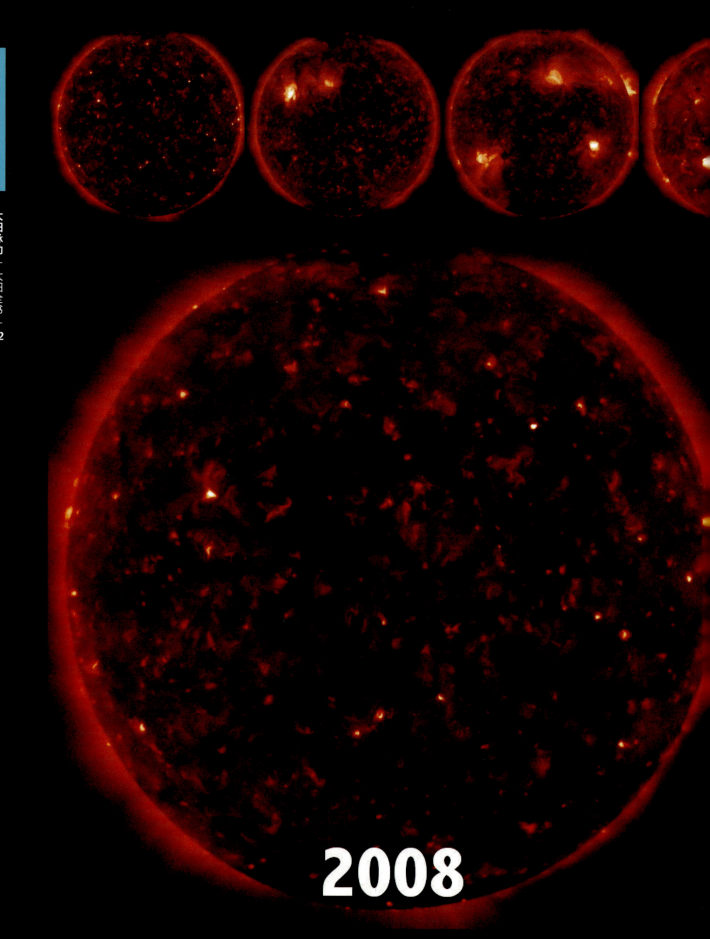

2008

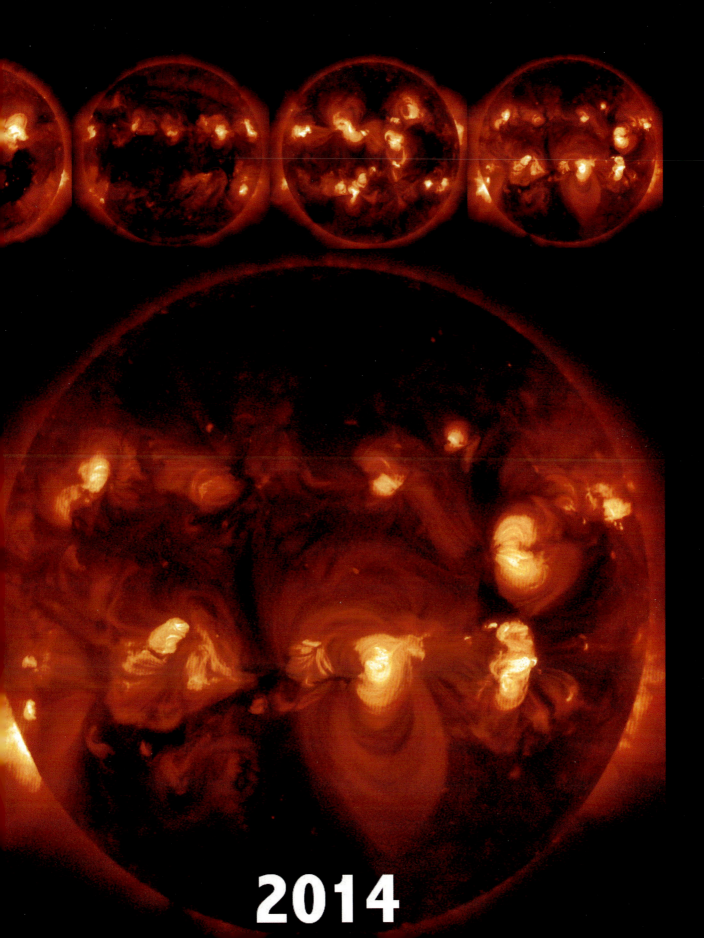

2014

图 17 目前的太阳活动周期，是自 1755 年左右开始认真监测黑子以来的第 24 个活动周期，本活动周期于 2014 年底 2015 年初达到峰值，随后进入下降相。上方展示的是从 2008 年开始每年一张来自日出卫星（Hinode）X 射线望远镜的太阳成像。以新活动周期相反极性的高纬黑子的出现为标志，2008 年刚好过了太阳活动周期极小期。第 24 个太阳活动周期因太空时代以来最低的太阳活动水平而著名，黑子数目也是这个世纪以来最低的。

地球是一个巨大的天然磁石，这是威廉·吉尔伯特在《磁石论》一书中给出的关于地球磁场的描述。为了强调这一点，他甚至将这本论著的全称命名为"在巨大的磁铁地球上"。基于当时人们对磁铁的认知，这个说法是合理的。同时，吉尔伯特将一块巨大的天然磁石加工成球状，以展示他的设想的实际效果。这个地球状模型（拉丁文 terella）再现了指南针在地球表面移动时的已知行为，包括指针指向磁北极的特性和另一个更微妙的特性，即指针在地球不同纬度的水平方向的倾斜。

可惜的是，吉尔伯特的完美理论只存活了一代。他的模型预示地球磁场是固定的、永恒的、不变的。不过，在当时，人们已经普遍意识到，罗盘指向的方向与真正的北方是不一样的。这种偏差被称作磁偏角（declination）。人们将磁偏角绘制成图，航海家可以依此修正航向。根据吉尔伯特的理论，磁偏角可以解释为是由于地球内部磁场相对地球自转轴倾斜所导致的。但是在 1635 年，伦敦数学家亨利·盖利布兰德（Henry Gellibrand）发表了一篇名为《关于磁针的变化及近期所发现的显著衰减的数学论证》（A Discourse Mathematical on the Variation of the Magneticall Needle Together with its Admirable Diminution Lately Discovered）的论文。令人惊讶的是，文中指出从伦敦附近看去，磁北极一直处在移动中，而且移动速度比较快，以至于在短短几十年里，产生了比较清晰可测的改变。图

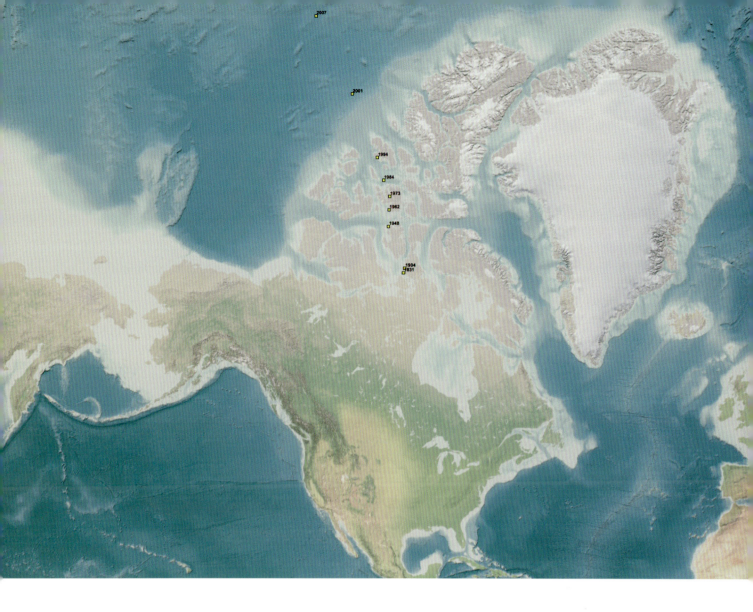

图 18　地球表面任何地方测得的磁北极方向都会随时间漂移。该运动最近有所加速。一个世纪前，磁北极的移动速度大约为 15 千米 / 年；而通过加拿大的西北航道时，其速度已达 50 千米 / 年。磁北极持续向地球自转轴的北极移动，尽管显示为最北点之后，这个位置就不会再被现场考察探测到。

18 显示的是磁场不规则但连续清晰的漂移轨迹。除非地球的内部磁场永久以某种方式移动，否则这样的测量结果很难用恒定磁场来解释。

英国著名数学家、天文学家埃德蒙·哈雷（Edmond Halley）提出了一个模型，在他的模型中，地球内部有多个球形磁化壳，这些磁化壳以略微不同的方式运动着，适当的运动形式产生了我们所观测到的地球磁场漂移。哈雷对于他的（错误的）模型非常自豪，以至于在他 80 岁绘制正式半身像时，还选择手里拿着该模型的图画。直到两个世纪之后，才有了解释磁场如何产生的现代理论，并且被应用在其他行星，甚至太阳上。

EDMUNDUS HALLEIUS *R.S.S.*

Astronomus Regius et Geometriæ Professor Savilianus.

太阳周期

太阳黑子惊人的复杂性，太阳黑子对周围以及地球的影响，太阳黑子的生长、演化和消失，这些都只是故事的一小部分。太阳黑子消失了近一个世纪，导致人们不得不重新研究，这极大地延误了对太阳黑子基本性质的探索。

1826 年，在距莱比锡城北部 50 千米的德绍小镇，生活在这里的业余天文学家海因里希·施瓦贝（Heinrich Schwabe）决定记录并研究太阳黑子。没有人知道他为什么要这样做，传言他是想要寻找假想的比水星更加靠近太阳的内行星。[8] 他使用的方法之一是寻找"行星凌日"，当行星位于太阳、地球连线上时，看上去像是一个小黑点划过太阳圆面。同时，为了用这种方式顺利找到行星，就必须排除不是凌日行星的黑点，也就是太阳黑子。不管动机是什么，施瓦贝开始了对太阳的常规观测，日复一日，年复一年，记录下所有看见的黑点的数目和位置。

遗憾的是，施瓦贝并没有发现一颗行星。就像人们对瓦肯星（是美剧《星际迷航》系列电视连续剧中宇宙和星际联邦中最重要的智慧种族之一瓦肯人的母星。——编者注）的搜索一样，持续了 50 年之久，并且吸引了当时很多著名的天文学家参与寻找，最终还是被放弃了。但是在这个过程中，施瓦贝做了漫长并且详细的太阳黑子活动的记录，从中他发现太阳黑子以一种周期性的形式出现或消失。1857 年，英国皇家天文学会主席约翰逊（M. J. Johnson）在授予施瓦贝学会奖章时评价道：

> 他在 1826 年的时候就已经开始这项现在才引起我们关注的研究……但是，直到 1843 年，两个周期的极大和极小过去了，他才谦虚地说出观测结果所证实的太阳周期规律，然而只引起了少量关注……他继续为这

图 19　埃德蒙·哈雷，来自他的《天文星历表》（*Tabulæ astronomicæ*，1721 年）。

一伟大发现积累新证据。1851年，亚历山大·冯·洪堡（Alexander von Humboldt）在其名著《宇宙》（*Cosmos*）第三卷中，公布了这一让世人惊奇的发现，尽管这一发现在八年前就已经不是秘密了。

约翰逊指出，其他的地球效应，诸如磁场扰动的强度，会随着太阳黑子数目的变化而变化。最后，他用我们现在所谓的日球层，也就是在太阳系内太阳所能产生影响的区域，来做总结：

它（太阳黑子）已经不再局限于揭示太阳组分的物理特性，而是有希望成为一种揭示整个太阳系运行规律的手段。它和万有引力一起，使地球和其他星球之间建立联系。

约翰逊表示，太阳能够用一种光和引力之外的未知方式来影响地球，在当时这是一种很有争议的观点。直到一个多世纪以后，太阳黑子和地球扰动之间的关系才被人们理解和接受。

但是，首先，我们需要提高对太阳黑子的认

DAILY SUNSPOT AREA AVERAGED OVER INDIVIDUAL SOLAR ROTATIONS
太阳自转周中日平均太阳黑子面积

SUNSPOT AREA IN EQUAL AREA LATITUDE STRIPS (% OF STRIP AREA)
对应纬度带上黑子面积（占纬度带的百分比）

■ > 0.0% ■ > 0.1% ■ > 1.0%

AVERAGE DAILY SUNSPOT AREA (% OF VISIBLE HEMISPHERE)
日平均黑子面积（占日面百分比）

http://solarscience.msfc.nasa.gov/

HATHAWAY NASA/ARC 2016/08

知。施瓦贝已经证明，太阳黑子的出现和消失是有周期的（图20展示了最近的几个周期）。突然间，太阳黑子变成了天文学领域的热门课题，在整个19世纪，许多有才华的天文学家致力于这个领域的研究，他们使用新的方法观测太阳、分析观测数据。在接下来的一百年里，人们发现了大量关于太阳黑子周期的特性，其中最著名的是以下几点：

1. 随着太阳黑子数的上升和下降，连续两个极小期之间的间隔大约是11年，这个间隔时间在长短上有两年左右的变化（图20下图）。周期的幅度，也就是每个周期最大时的黑子数目，是剧烈变化的，偶尔会出现很低的黑子数目。

2. 太阳黑子的蝴蝶图（butterfly diagram）。在每个周期中，黑子首先出现在高纬度地区，远离赤道（图20上图）。随着周期变化，黑子浮现的位置将越来越接近赤道，直到下一个新的周期，黑子再次出现在高纬度地区。

3. 磁反转（magnetic reversal）。在能够进行磁场测量之后，科学家们发现，太阳黑子大多沿东西方向浮现，也就是说，太阳黑子的磁场主要为水平方向，平行于太阳赤道。[9] 在同一个太阳活动周期，每个半球的大多数黑子具有相同的磁场模式，在一个半球的前导黑子（lead spot，在太阳自转方向上领先于黑子群内其他黑子）具有某个特定的极性，而在另外一个半球则具有相反的极性（图21）。这个规律是由海尔发现的，因此被称为"海尔定律"。同时，下一个黑子周期也符合海尔定律，只不过所有的极性是相反的。这意味着两个黑子周期之后，整个模式的周期才能实现循环，因此完整的磁场周期为22年。太阳的两极在太阳黑子极大期时也能实现这种极性交换。

图20 过去几十年的太阳黑子观测显示，太阳黑子有两个很明显的活动趋势，所有的黑子起源理论必须对这两个趋势给出解释。下半图显示的是在过去150年里，太阳黑子在太阳表面的面积，具有很明显的周期性。上半图显示的是黑子出现时的纬度，可以看出，活动周期开始时，黑子在高纬度浮现，随着活动周期演化，黑子迁移到赤道附近。

具有启发意义的发电机模型

在科学家形成理论的最初阶段，由于缺乏对所研究现象的足够了解，通常他们会提出一种基础的模型来开展进一步的研究。这种基础模型是科学家们依据合理的猜测暂时提出来的，虽然不完善，但是至少包含问题最基本的特征。20世

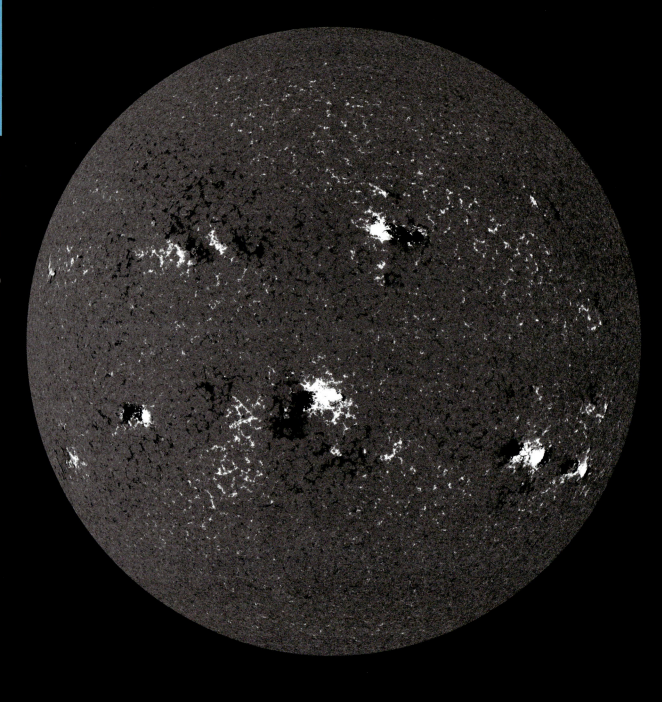

图 21　通过太阳表面的磁图可以发现，在每个半球，产生太阳黑子的强磁场方向基本一致，往往有一个特定的前导极性；本图中黑色表示在北半球的前导极性，白色表示南半球的。南北半球的前导极性是相反的，图中显示的是最近一个活动周期峰年期间（2012 年 4 月 20 日）的磁图。前后两个 11 年黑子周期发生极性反转，所以完整的磁周期是 22 年。

纪60年代，科学家们提出了关于太阳活动周期的模型，首先是贺拉斯·巴布科克于1961年提出，紧接着是罗伯特·莱顿于1969年提出，这就是我们通常所说的"巴布科克—莱顿发电机模型"（Babcock-Leighton dynamo model）。这种具有启发意义的发电机模型的最大特点在于，它可以根据观测到的太阳特性来解释太阳活动周期，特别是较差自转（differential rotation）和太阳表面的对流模式。

我们用最简单的磁场初始条件作为模型的起点，就像是条形磁铁的磁场一样，磁力线是垂直的，从一极连接到另一极，也叫作"极向磁场"（poloidal field）。在模型中，磁场深入太阳内部，因为较差自转太阳内部旋转比表面要快。太阳内部的那部分磁场要比接近太阳表面的那部分磁场扫过的速度快，最终变成水平分量，如图22所示。这部分磁场环绕太阳水平运动，像圆环一样包围赤道，又称为"环向磁场"（toroidal field）。据此模型，有人提出了一系列步骤来解释太阳活动周期：

1. 我们从最简单的磁场开始。竖直方向的条形磁铁可以看作是偶极子，会产生极向磁场，磁

图22　太阳较差自转（左图），赤道比极区转动速度快（右图）。初始的偶极磁场（极向磁场）延伸形成了环绕太阳的环向磁场。

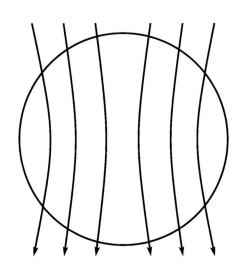
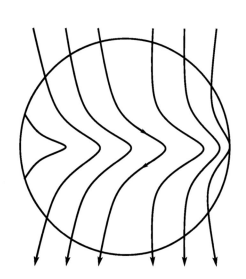

场从磁极的顶端浮现，在太阳表面延伸，并到达另一极。磁场会穿过太阳，同时，在赤道附近，太阳内部的快速旋转会拖拽磁场，使其在太阳表面缠绕（图22）。[10] 而太阳对流区底部的剪切层（即差旋层"tachocline"。——译者注）恰恰就是大多数这种拖拽和增强出现的地方。这一步会使得极向磁场转变为环向磁场。

图23　在太阳自转将极向磁场变成环绕太阳的环向磁场后，磁场变得不稳定，并从太阳内部浮现出来。随着磁场的上浮和膨胀，科里奥利力把环向磁场变回极向磁场，只不过与初始方向相反。

2. 当太阳内部的磁场变强时，会产生不稳定性，从而导致磁场像扭曲的橡皮筋上的扭结一样向上爆发。

3. 太阳结构由内到外，其密度是逐渐降低的。不断升起的磁环穿过这些结构，使得磁场随着不断降低的气压而扩散。由于太阳的自转，磁场在抬升和扩散的过程中会受到科里奥利力（Coriolis force）的作用，类似于地球上的气旋。地球上的气旋之所以能够移动变化，是因为流到低压带的气体和从赤道抬升的气体比高纬度的气体运动速度快；相反地，从高纬度下来的气体比进入的气体速度要慢，结果使气体的流入造成了一个旋转系统。在一个高压系统中，气流沿着相反的方向流出，循环也是沿着相反的方向（图23）。而这恰恰就是太阳上的情形，磁场边抬升边扩散。磁环就是如此，一边抬升，一边缓缓地旋转，以某种倾斜角出现在太阳表面。这种倾斜

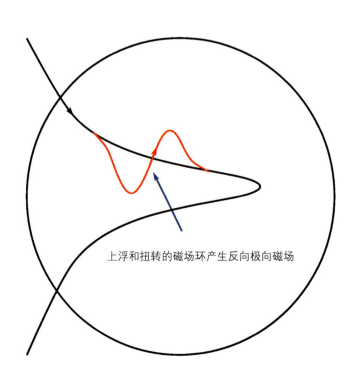

上浮和扭转的磁场环产生反向极向磁场

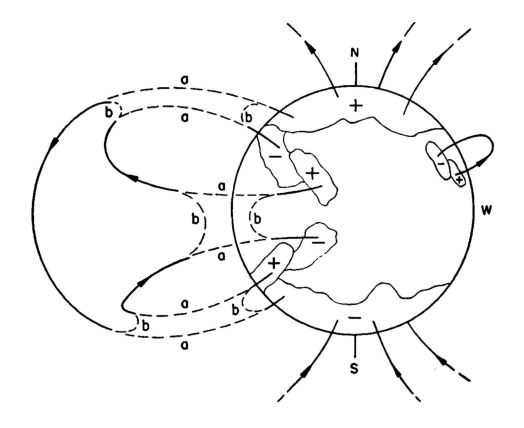

图 24 "巴布科克—莱顿发电机模型"是基于太阳表面磁场观测，以解释许多与太阳活动周期相关的现象，例如海尔定律、关于黑子倾斜的乔伊定律以及连续两个周期中的磁场极性反转。1961 年，巴布科克论文中的一幅图向我们展示了磁场是如何从黑子区域扩散出去，在赤道和极区发生磁对消，最终使得极性反转开始新的周期的。

可以将环向磁场变回极向磁场，只不过与磁周期开始时的方向相反。

4. 磁场在太阳表面浮现之后，迅速地向外扩散。由于磁场浮现时的倾斜，使得黑子区域的前导极性比后随极性靠近赤道，如此一来，两个半球的前导极性就会在赤道附近相互作用，相互抵消（图 24）。巴布科克把浮现磁场的扩散当作观测假设，而莱顿则将其归结为某种机制导致的。在之前的章节中我们提到过，除去小尺度的五分钟纵向振荡，他还发现一种长周期的、大尺度的、细胞状横向运动，并把它称为超米粒组织（图 25）。莱顿计算发现超米粒会以随机游走（random walk）的形式打乱表面磁场。随机游走有时又被称为"醉汉行走"（drunkard's walk），在随机方向上行走，离起始点越来越远。这一过程被称为湍流扩散（turbulent diffusion），会

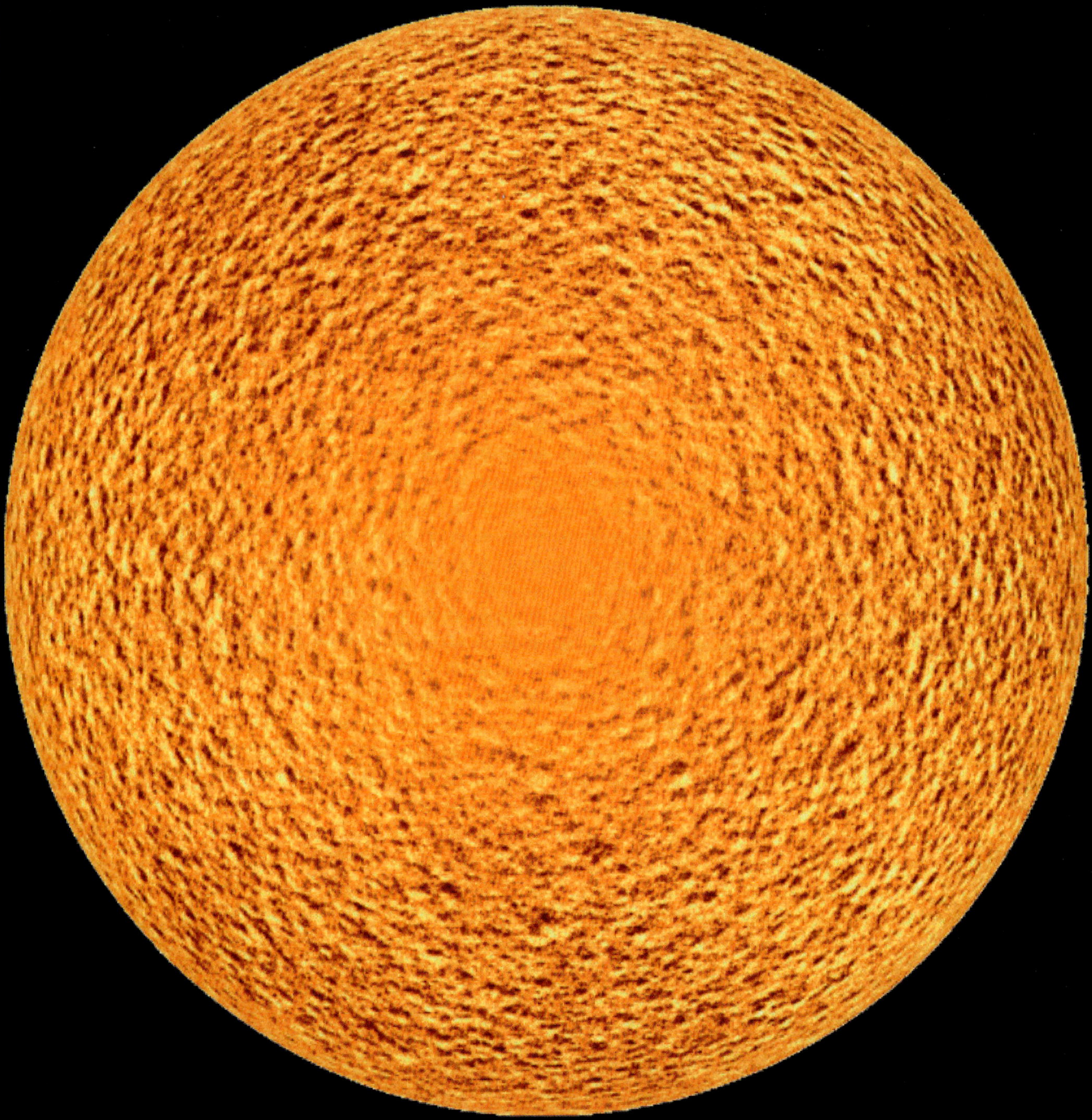

图 25 现代版的莱顿超米粒组织图。太阳和日球层探测器（SOHO）上的迈克尔逊多普勒成像仪（MDI）合成的多普勒图显示，太阳表面被超米粒组织覆盖着。超米粒组织平行于太阳表面运动，所以在日面中心没有朝向观测者的成分，它们是水平移动的。超米粒从中心向边界水平移动，平均速度约为 400 米/秒，看上去像是明暗相间的环形山结构覆盖在太阳表面。

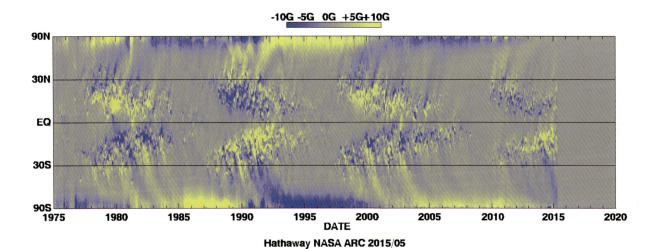

导致类似于太阳黑子附近的磁场聚集区域以一种给定的速率扩散，而这一速率是由"醉汉"步伐的大小和频率决定的，这一速率最终可以匹配我们需要的相反极性磁对消。

5. 同样，由于磁场的倾斜，黑子区域的后随极性远离赤道，接近相对应的北极或者南极，并扩散到极点。因为与半球磁场极性相反，黑子会对消磁场并最终导致其极性反转。尽管这听上去似乎难以置信，但是确实被观测到了。图 26 记录着几个太阳活动周期太阳磁场极性演化，这幅图展示了在每个周期的黑子极大期间，相反极性的磁场从活动区位置向两极移动，并

图 26 这张四个黑子周期的日面磁图显示了浮现磁场向赤道运动、剩余磁场向两极移动、极区磁场极性反转以及从一个周期到下一个周期的南北半球磁场极性反转。

最终反转磁极。

6. 接下来，随着所有磁场极性的反转，黑子周期重新开始。图 27 展示了在近两个黑子周期中太阳活动的增强和减弱，而两个黑子周期才组成一个完整的磁活动周期。

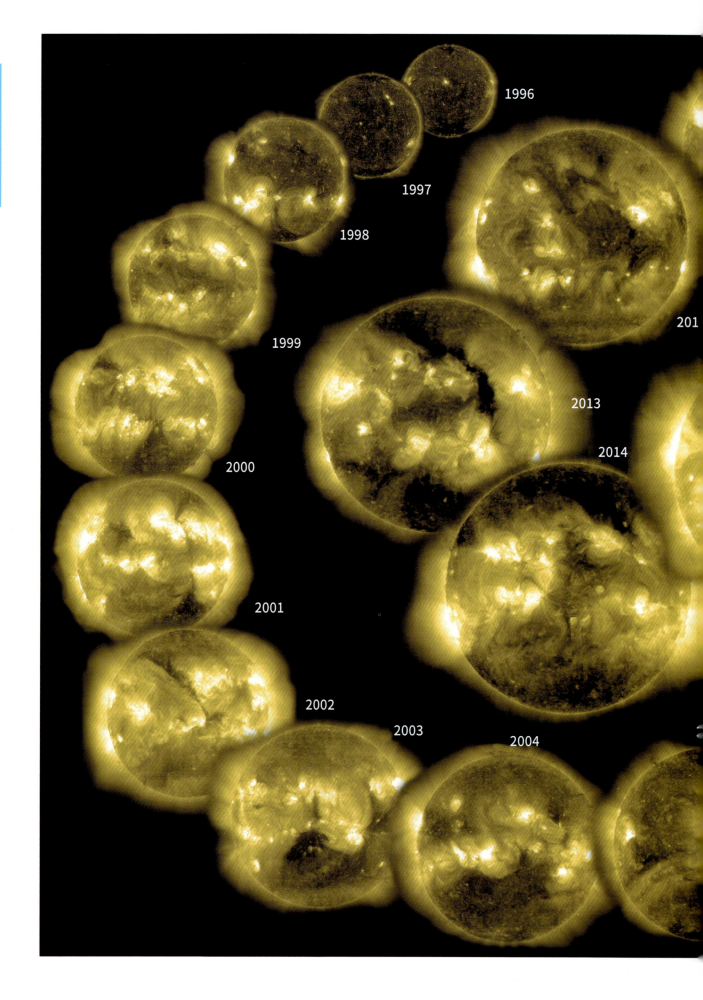

1996

1997

1998

1999

2000

2001

2002

2003

2004

2013

2014

201

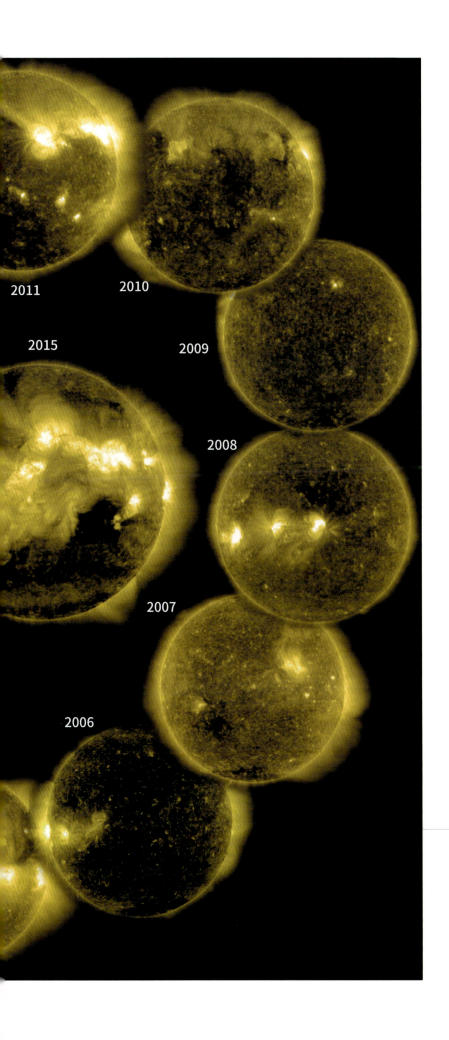

2011

2010

2015

2009

2008

2007

2006

极紫外波段太阳活动周期

图 27 这幅图显示了 20 年间的两个黑子活动周期：从 1996 极小年到 2001 极大年，再到 2009 极小年以及最近的 2014 / 2015 极大年。由极紫外成像望远镜（Extreme ultraviolet Imaging Telescope，EIT）观测得到。

数值化的发电机理论

太阳磁场的现代理论解释脱胎于地球磁场理论。这套理论由科学家瓦尔特·埃尔萨瑟（Walter M. Elsasser）提出，他是一个性格复杂的科学家。根据太阳物理学家尤金·帕克（Eugene Parker，继承和发展了埃尔萨瑟的相关研究）的说法，埃尔萨瑟声称"自己非常厌恶生活在这样一个自私自利的科学世界里"。1904年，埃尔萨瑟出生在德国曼海姆的一个幸福的新教家庭里，起初他们是信奉犹太教的。埃尔萨瑟直到长大才对此转变有所察觉，但是，在20世纪20到30年代，当德国发生改变的时候，这件事深刻地影响到他的生活和职业生涯。当他的父亲为了帮助他融入环境而要求他加入高中兄弟会（high school fraternity）时，他遇到了点儿小麻烦——他被拒绝了，只因为他是犹太血统，所以无法加入兄弟会。

后来，当埃尔萨瑟去追逐包括通往自然科学的哲学之路在内的各种兴趣爱好时，他遇到了更加棘手的事情。他发现，科学观点是否被人接受，取决于是否同流行观点一致，而后者在很大程度上被潜意识控制。那时，家庭医生将其描述为一个"精神紧张的人"。在读过马塞尔·普鲁斯特（Marcel Proust）的巨著《追忆似水年华》（*Remembrance of Things Past*，又译 *In search of Lost Time*）之后，埃尔萨瑟决定变缺点为优点，自此，他总算明白了如何从一个疯子变成天才。1922年高中毕业以后，埃尔萨瑟就去了海德堡继续学习，让他沮丧的是，他的老师，同时也是诺贝尔奖获得者，居然投靠了纳粹政权。不

少人都建议埃尔萨瑟离开，于是次年，他去了慕尼黑，跟随威尔海姆·维恩（Wilhelm Wien）学习实验物理学，也跟着阿诺德·索末菲（Arnold Sommerfeld）学习理论。这段时间的生活无疑是开心的，但是现实是，他的身边几乎都是纳粹党员。此时，又有人建议埃尔萨瑟去哥廷根。终于，在1925年，埃尔萨瑟带着一封推荐信找到了詹姆斯·弗兰克（James Franck）。弗兰克接收了他，很快就鼓励他发表一篇简短的文章来解释爱因斯坦和路易斯·德布罗意（Louis de Broglie）提出的物质波动导致电子散射部分令人疑惑的实验结果。

1927年，埃尔萨瑟拿到了博士学位。令他没想到的是，著名的理论学家保罗·埃伦费斯特（Paul Ehrenfest）邀请他到荷兰做他的助手，只不过，同时附有一封说明埃伦费斯特自己有心理疾病的信。现在看来，那应该是一封警告信，因为，尽管埃尔萨瑟是喜欢荷兰的，但是埃伦费斯特对他从最初的不待见到彻底的敌视，没有任何理由。最终，他听从了埃伦费斯特的建议，离开荷兰回到柏林，同父母生活在一起（埃伦费斯特在那之后几年自杀了）。在当时，对于埃尔萨瑟来说，获得一个职位简直难如登天，于是1929年，他无奈地接受了在苏联哈尔科夫研究所工作的机会。但是疾病迫使他不得不返回德国，并最终于1931年，在法兰克福结束了这段颠沛流离的生活。1933年4月，纳粹掌控政权，家庭医生建议埃尔萨瑟趁着边境还没有封锁去瑞士。在与一些占据了校园的纳粹褐衫党不期而遇之后，埃尔萨瑟听从了建议，前往瑞士。

到达苏黎世之后，埃尔萨瑟受到了著名理

论学家沃尔夫冈·泡利（Wolfgang Pauli）的热情接待。泡利为埃尔萨瑟争取到一个在巴黎工作的机会，弗雷德里克·约里奥（Frédéric Joliot，居里夫人的女婿）也帮他从世界以色列联盟（Alliance Israelite Universelle）争取到了奖学金。埃尔萨瑟视之为慈善的施舍，并很高兴于来年获得了在法国国家科学研究中心（Centre National de la Recherche Scientifque）工作的机会，同时，他也有能力帮助数不清的从德国逃难出来的难民科学家找到职位。那几年，他对理解原子核做出了巨大贡献，而这项工作多年后由约翰尼斯·汉斯·丹尼尔·延森（J. Hans D. Jensen）和梅耶夫人（Maria Goeppert-Mayer）完成，并获得了诺贝尔奖。

为了留在法国，埃尔萨瑟想尽办法成为法国公民。然而在 1935 年，反倒是他尝试进入美国的申请得到了批准。在去美国的船上，他遇到了未来的妻子，这可能是这趟旅行中唯一的好事了。到美国后，埃尔萨瑟没有找到职位，只好又返回巴黎。一年后，他再次尝试找工作，终于成功地在加州理工学院申请到了仅剩的一个职位——在气象学院从事地球物理学方向的大气中的辐射加热和冷却效应的研究。1941 年，埃尔萨瑟被停职了，因为有人诬陷他向一个华盛顿官员 [著名科学家卡尔 - 古斯塔夫·罗斯比（Carl-Gustaf Rossby）] 寻求帮助以获得更高的职位。这个指控当然是不成立的，然而没有用，他不得不打包离开，到位于南波士顿的蓝山天文台（Blue Hill Observatory）工作。直到 1941 年，珍珠港事件爆发，埃尔萨瑟被召集到美国陆军通信兵团工作。战争期间，他一直为无线电传播委员会（Radio Propagation Committee）工作，工作地点为帝国大厦（Empire State Building），周末时间则用来研究地球磁场理论。

1946 年到 1947 年，埃尔萨瑟在《物理评论》（Physical Review）上陆续发表了三篇文章来介绍他研究的理论。1950 年，他又在《现代物理评论》（Reviews of Modern Physics）上发表了一篇关于地球内部物理的系统综述文章。在当时，埃尔萨瑟是研究这方面理论的第一人，是真正的先驱。[11] 在首次验证了地球内部液态铁外核存在的证据之后，埃尔萨瑟根据理查德·迪克森·奥尔德姆（Richard Dixon Oldham）的研究以及地质学证据指出，地球磁场极性发生过反转，大约几千年发生一次南北两极互换。这个理论不仅可以解释为什么会产生磁场，还能解释磁场极性的周期性反转。

埃尔萨瑟进行了漫长的计算，结果显示，基于地球液态铁核的流体湍动（虽然速度只有每年 0.03 厘米）与地球自转相结合的数学理论，就能极好地解释地球磁场的观测特性。他提出，磁场的周期性行为源于极向磁场（在地球内部从一极到另一极）和环向磁场（像赤道一样环绕着地球）之间的相互影响。正如巴布科克一莱顿发电机模型所示，同样的理论也被用于解释太阳磁场是怎么产生的。

人们极大地忽略了埃尔萨瑟的理论，而且一部分讨论它的科学家也强烈反对这种观点。直到 1950 年，英国数学家乔治·基思·巴彻勒（G. K. Batchelor）证明，导电流体的随机湍动确实可以增强杂散磁场。自此之后，埃尔萨瑟的发电机理论才被人们广泛地接受，并得以继续发展下去，但是此时埃尔萨瑟的研究已经转向生物学。在最后几十年的工作里，埃尔萨瑟一直致力于研究生物是有机统一体的理论。

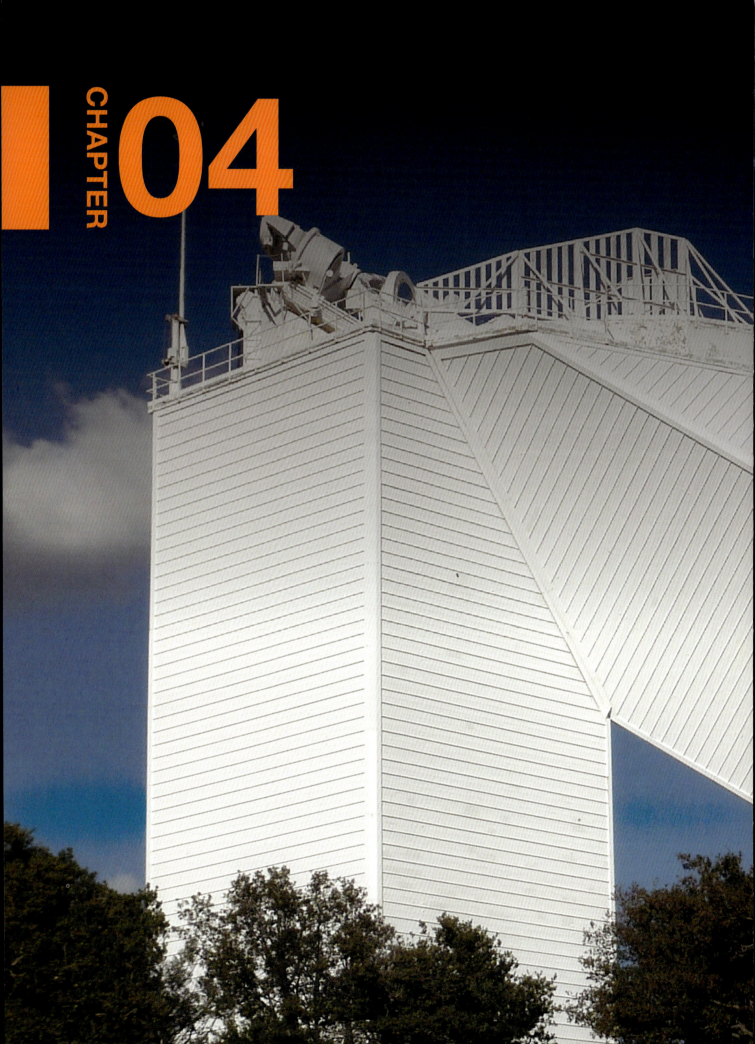

CHAPTER **04**

A SPECTRUM AND WHAT IT TELLS US

太阳光谱
能告诉我们什么

美国国家太阳天文台所属的麦克梅斯－皮尔斯太阳
望远镜。本章图 36 即为该望远镜拍摄

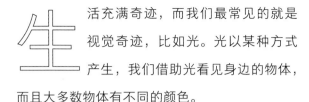活充满奇迹，而我们最常见的就是视觉奇迹，比如光。光以某种方式产生，我们借助光看见身边的物体，而且大多数物体有不同的颜色。

"光"这个词通常是有象征意义的，如宗教中的"要有光"、文化运动中的"光"（蒙昧时代与启蒙运动）、心理学中的"光"["黑暗情绪"（dark mood）与性格开朗的人（a bright person）]，又或者用"光"代表"真理"[看见光明（to see the light）]。但在这些形形色色的象征意义背后，确实有一种叫作光的物理存在，只不过，当我们试图去探究光是什么的时候，又发现这种存在非常令人费解。光是某种物质吗？如果是的话，为什么不能抓住它，把它装进罐子里随身携带？当光打到身上的时候，为什么我们感觉不到它的影响？如果光是某种物质，为什么看上去又没有重量呢？

颜色又是什么？它看上去是物体的某种属性，而且是光让我们看到了颜色。可是，当光没有照在物体上的时候，物体的颜色依然存在吗？当一束光透过彩色玻璃打在白色的平面上，原先白色的平面变成了彩色的。那么，颜色究竟是从光中分离出来的，还是颜色本身就在光线中？如果是后者，当光线穿过空气时，我们为什么看不见彩色的光束呢？同时，光又是怎么有颜色的？而这又意味着什么？还有，光是如何从一个物体移动到另一个物体上，而不是激发某种本来就已经存在的物质？

关于光的本质，人类已经讨论了几千年。我们是怎么开始去理解光的？光又是如何与物体作用的？这样的故事涵盖了整个科学思想史。而这整个过程主要的贡献是教会我们两件事：一是如何区别不同的外观，也就是，物体经过人类的感觉器官处理之后是什么样子；二是什

图28　马萨诸塞州韦尔斯利学院展出的一块19世纪的彩色玻璃，来自英国天文学先驱威廉·哈金斯（William Huggins）和他的妻子玛格丽特·林赛·哈金斯（Margaret Lindsay Huggins）的私人天文台。玻璃上印有夫琅禾费光谱，包含典型的吸收线和三条来自气体星云的发射线，还印有旋涡星云（因为后来发现其实是个旋涡星系）、一颗彗星、太阳（画有红色的日珥和白色的日冕），以及部分恒星。

么样的物体是为客观存在的，即与人类的感知甚至存在无关。[12]

如果想理解光是什么，我们需要寻找到一种途径来区分人类对光的感知和（独立于人类感知之外的）光本身的特质，例如光是原本就存在的，还是由于人类的感觉器官而呈现于我们的感知中的？最早开始探索光的本质的科学家是17世纪的两位科学巨匠——艾萨克·牛顿（Isaac Newton）和克里斯蒂安·惠更斯（Christiaan Huygens）。[13] 而深植于人们观念中的关于光的心理学理论，则要追溯到约翰·沃尔夫冈·冯·歌德（Johann Wolfgang von Goethe，《浮士德》的作者）以及他在 1819 年出版的著作《色彩论》（*Zur Farbenlehre*）。

光与色

自然与自然定律，都隐藏在黑暗之中；
上帝说，让牛顿来吧！
于是，一切变为光明。

——亚历山大·蒲柏（Alexander Pope）

上面引用的描述确实有些夸张，但是却形象地告诉我们：牛顿去世后，英国人是如何看

图 29　牛顿的决定性实验示意图，他后来在《光学》（*Optics*，1704）一书中对此进行了重新绘制。太阳光从右侧进入，照射到第一块棱镜上。

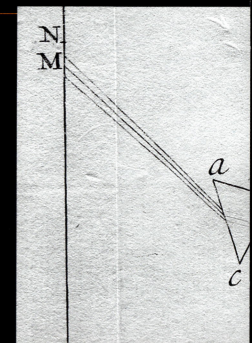

待他的成就的。[1930 年，约翰·科林斯·斯夸尔（John Collings Squire）先生在这段话后面加了几句："这并没有持续很久，魔鬼说：'让爱因斯坦来吧！'一切又恢复了原样。"]

牛顿——伟大的数学家、剑桥大学的卢卡斯数学教授（"卢卡斯数学教授"是英国剑桥大学的一个荣誉职位，授予对象为与数理相关的研究者，同一时间只授予一人。——编者注），因其发展的微积分以及发现物理学运动定律和能用来解释行星运动的万有引力理论而被世人铭记。牛顿也是一位出色的实验者，他建造了世界上已知的第一架反射式望远镜（使用反射镜而不是透镜来聚焦入射光线），并进行了大量精细的实验用以探究光和颜色的本质。牛顿晚年出任皇家铸币厂厂长，处死了许多伪造假币者。

牛顿和颜色

按照当时使用的儒略历，牛顿出生于1642年的圣诞节（也就是格里高利历的1643年1月4日）。牛顿在剑桥三一学院拿到学士学位之后，为了免受1665—1667年瘟疫的影响，从学校回到了家中。在此期间，他在伍尔斯索普庄园，进行了一系列关于光的实验。

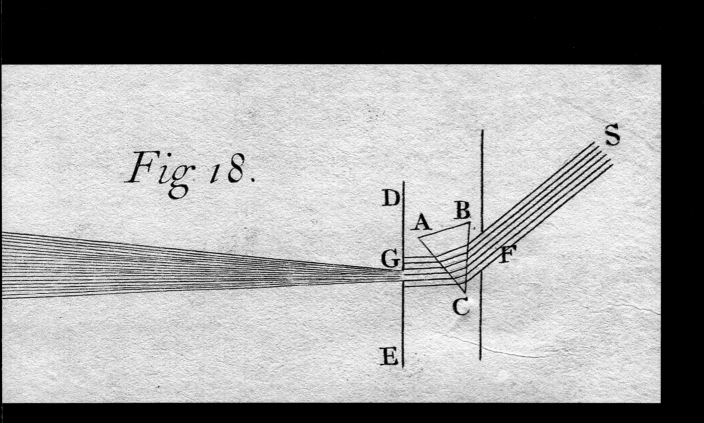

Fig 18.

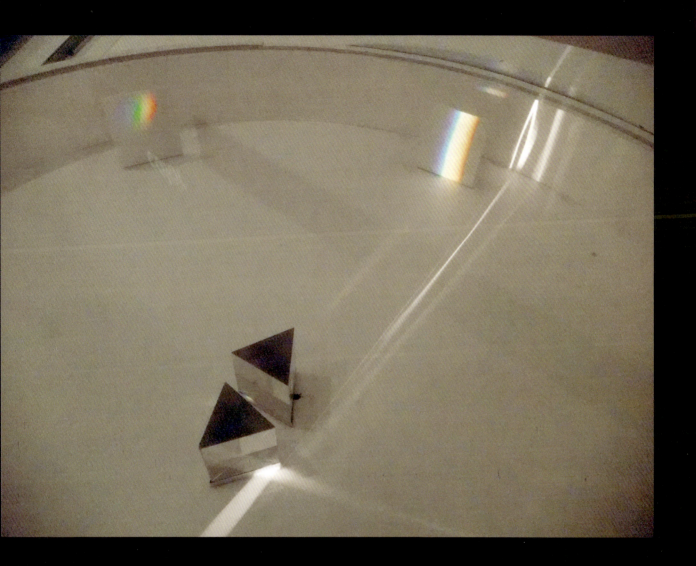

图 30　重现牛顿的实验：太阳光（白光）通过棱镜变成彩虹色（左图），再通过第二个倒像棱镜重组为白光（右图）。加利福尼亚州圣马力诺亨廷顿图书馆在重复这个实验的过程中，使用杠杆移动右图中的第二个棱镜，将彩虹光向右侧折射，重组为白光。

在牛顿的决定性实验中，他检验了当时最流行的一个猜想：在光的折射过程中，棱镜使光产生了颜色，并在从棱镜射出的光束中被观测到。牛顿让一束太阳光穿过百叶窗上的小孔，照射到棱镜上面，于是太阳光被分解成了彩虹色。接下来，牛顿将其中某个颜色的一束光用第二块屏幕上的小孔与其他光分开，然后投射到另一块棱镜上，结果是这束单色光并没有再次产生更多颜色的光，而且，经过棱镜折射的光的数量与入射的光总量相当。由此，牛顿得出结论，棱镜折射并不能制造颜色，而是因为一束光是由不同颜色的光组成，这些各种颜色的光的折射度不同。折射仅仅是使其显形而非创造出它们。

在另一个实验中，牛顿使用一块透镜来展示彩色，这束光从第一个棱镜打到另一个倒置的棱镜上后，第二块棱镜将其变回白光（图30）。然后将新产生的白光投射到第三块正置的棱镜上，又一次出现了彩色。

牛顿在最初的五种颜色体系中加入了靛蓝色和橙色，使之与七音阶相对应。我们使用一组记号来表示对应的七种颜色，以方便记忆：ROY G BIV，对应红橙黄绿蓝靛紫。牛顿可能是为数不多的可以将靛蓝色分辨出来的人，大多数人会将其视为蓝色的一部分。

1678年，克里斯蒂安·惠更斯提出一个理论，指出光是由波组成而不是粒子。这个理论引起了牛顿的注意。毕竟，两束光可以毫无相互作用地穿过彼此。但是，牛顿依然指出了惠更斯"光的波动说"中的问题：如果在弹性介质中，光是振荡的，那么光应该从新的扰动中心向各个方向发散。1689年，惠更斯随前往伦敦继承英国皇位的荷兰国王（威廉三世。——编者注）一起来到英国，并与牛顿会面。此后，牛顿与惠更斯一直保持通信，讨论光以及其他物质。遗憾的是，光到底是波还是粒子依旧没有定论。1704年，牛顿在《光学》一书中提出了一个微粒子理论：光是由微小的粒子组成的。

关于波与粒子理论的讨论持续了近一个世纪。每一个理论都只能解释部分光的现象。最终，这个问题在量子理论的解释下得到了解决。针对研究问题的角度，光可以看作波，又可以看作一群粒子（光子），这就是我们现在所说的"波粒二象性"。

视觉理论

是眼睛发出光线使我们感觉到所看到的物体，还是眼睛接收到来自物体的光线？ 2400年前，柏拉图和亚里士多德对此有不同的看法。在公元100年，亚历山大港的海伦依据光在两点之间沿最短路径传播理论，阐述了最短路径原则；之后补充为这等效于沿耗时最短的路径传播。任意方向上——不管是从眼睛来的光线还是到达眼睛的光线，都适用这条原则。多数情况下，普遍认为光沿光路传播，但是我们无法分辨具体是沿哪个方向，毕竟光速太快，我们看不清具体的运动，而且两个方向是几何等效。在15世纪末，列奥纳多·达·芬奇（Leonardo da Vinci）最初同意柏拉图的观点，但是后来又改变了想法，认为是光线传到眼睛上。但是如果是来自物体的光线进入眼睛，那么我们就不清楚是如何成像的。11世纪，数学科学家伊本·艾尔 - 海什木（Ibn al-Haytham，又叫阿尔哈森）对这个问题进行了深入的研究。他的研究理论经过约翰·佩卡姆（John Peckham）的文章传入西方，并且直到600年后，才被约翰尼斯·开普勒进行了修正。

开普勒有很多著名的发现，其中最重要的就是发现行星（甚至其他天体）轨道是椭圆的，而不是圆形的。关于轨道的前两条定律发表在1609年《新天文学》（The New Astronomy）杂志上；而第三定律——行星运动速度取决于和太阳之间的距离，则发表在1618年《世界的和谐》（Harmony of the World）一书中。[14]

在本书中，我们讨论开普勒其他方面的一些成就。开普勒可能是第一个提到日冕的人，他在1606年的一本关于超新星的书中第一次提到了日冕，而那颗超新星也是以他的名字命名的。开普勒更广为人知的，是他在视觉研究上的工作。1604年，开普勒发现，人的眼睛就像一台光学设备，真实的像映射在眼睛后面的晶状体上，位于瞳孔附近。假定是透镜成像，那么映射的像应该是倒立的。现在，我们知道是人类的大脑自动地反转了像，使得我们看到正立的、与实际相符的像。[15]但是，在开普勒的时代，这样的想法是很有争议的。开普勒进行了细致的研究，提出了很多理论上的观点来解释为什么反转是合理的。到了1619年，耶稣会天文学家、牧师克里斯托弗·沙伊纳（Christopher Scheiner）在其著作《眼》（Oculus）以及十几年后关于太阳黑子的著作《奥尔西尼的玫瑰》（Rosa ursina）中，支持了开普勒关于成像的观点。但在当时，并不是所有人都同意开普勒的观点。皮埃尔·伽桑狄（Pierre Gassendi，1592—1655），第一个观测到"水星凌日"的科学家，就是反对者之一。他以及其他一些人认为，眼睛中的某个地方一定有一块镜子来反转像，使物像看上去是正立的。

光的波动性

1678 年，惠更斯在"光的波动说"中提到，光在介质中传播时，会重复地形成向外传播的球形（二维情况下是圆形）波前，并证明光会穿过狭缝继续传播。证明光的波动性的实验是由英国博学家托马斯·杨（Thomas Young）在 1803 年做的。他将光照到一对彼此靠近的狭缝上，使得光可以通过两个狭缝，并在狭缝后方的屏幕上产生干涉条纹。这样的结果暗示着是单个波通过两条狭缝，产生两个圆形的源，并且这两个源是相互作用的。牛顿的微观粒子理论并不能解释这样的干涉结果。1815 年，奥古斯丁·菲涅尔（Augustin Fresnel），因为灯塔设计减轻重量和厚度的透镜而出名，给出了杨氏双缝实验的数学支持。

光的粒子性

19 世纪的光学研究为现代天文学提供了最基本的定律。维恩位移定律证明辐射强度的峰值，或者说热物体光辐射达到最大强度时的波长是依赖于物体温度的，峰值波长与温度成反比。斯特藩—玻尔兹曼定律证明，热物体辐射的总能量与绝对温度的 4 次方成正比，因此，温度提高 1 倍，辐射量变为原来的 16 倍。

在 20 世纪之交，德国科学家马克斯·普朗克（Max Planck）提供了一套公式来解释维恩位移定律和斯特藩—玻尔兹曼定律。在求解这套公式的时候，普朗克发现，他不得不用能量包，也就是量子，来做数学限制，尽管他认为这种条件是不真实的。1905 年是爱因斯坦的奇迹之年，这一年，他提出了狭义相对论，以及用布朗运动来解释流体中微小粒子的移动。最终，爱因斯坦将量子化能量的概念变成了现实。他称这种量子化能量的光粒子为光子，能量 E 与波长 λ 成反比（$E=hc/\lambda$），h 为常系数，称为普朗克常数，c 为光速。也正是因为这个工作，成功地解释了光电效应，爱因斯坦为此获得了诺贝尔奖。

继 1913 年尼尔斯·玻尔（Niels Bohr）做的一些初步研究工作以及埃尔温·薛定谔（Erwin Schrödinger）和沃纳·海森堡（Werner Heisenberg）在 20 世纪 20 年代得到了量子动力学公式之后，量子力学成为物理学的支配理论。不过，爱因斯坦于 1915 年发表的广义相对论没有包含量子理论，所以我们无法把量子理论和广义相对论结合起来，也就意味着两者都是不完备的。结合两者的诉求依然持续到今天。

量子电动力学（QED）能很好地解释了我们理解事物的机制以及光如何与物体相互作用。理查德·费曼（Richard Feynman）在"光与物质的奇异理论"系列讲座中，用图解的方式形象地解释了光与物质的相互作用，即所谓的费曼图（图 31）。

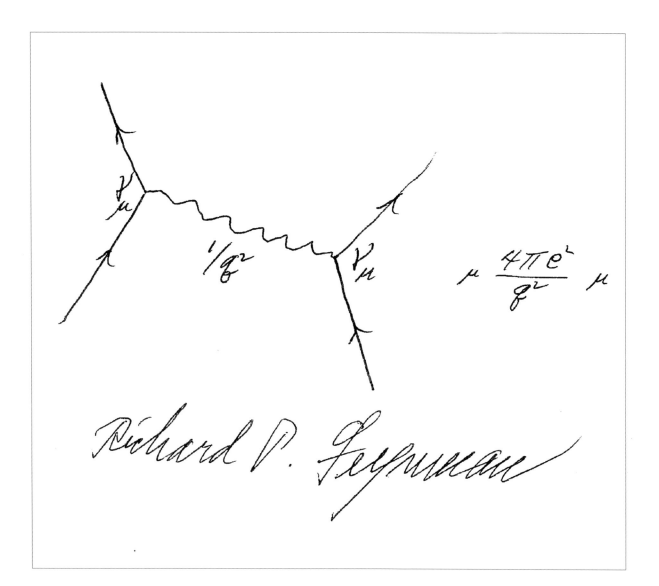

图31 费曼图。为了说明光与物质相互作用的过程，费
曼教授应本书作者杰伊·帕萨乔夫的要求绘制了这幅图
（以 μ 中微子为例）。图中显示两个粒子（左侧箭头和右
侧箭头）通过中间粒子（中间的波浪线）进行相互作用。

光谱：超越光

人类很早就知道光谱了，如大自然中的彩虹就是一种光谱。雨过天晴时，太阳光照射到空气中的水滴上，光线被折射及反射，就会形成彩虹，挂在天空中与太阳相对。勒内·笛卡尔（René Descartes，1596—1650，哲学家、数学家）是第一个对彩虹做出解释的人，他认为光线因为雨滴而产生折射及反射，出射的光相对于光源有一定的角度。折射光以一个小的圆锥角从水雾中浮现，并在距光源方向的一定角度上形成一大片晕。不同颜色的光折射角度不同，就如牛顿棱镜实验中呈现的一样，它们之间相互分离，形成临近的同心圆弧。

彩虹中主要的颜色，从外到内依次是红、橙、黄、绿、蓝、靛、紫。如图 32 所示，有些时候，因为雨滴内部额外的反射，会产生另外一个彩虹（即副虹或者霓。——译者注）。因为副虹是反射导致的，所以其颜色顺序与主虹相反。

对于产生光谱而言，反射和折射是完全不同的效果。所有波长的光都以与它们到达表面相同的角度反射，也就是入射角等于反射角，所以在反射中没有彩色效应。这也是为什么当你想观测一个辐射波段比较宽的天体，而又希望所有波长的光以相同的方式聚焦时，反射镜要优于透镜的原因。

相对地，折射则完全不同。其中一个典型例子就是白光透过棱镜，如图 33 所示。光速在玻璃或者塑料中比在空气中要小很多，相应地，空气中的光速比真空光速小，也就是爱因斯坦在公式中提到的光速 c。并且，物质中的光速取决于波长。所以，当光束穿过棱镜时，偏折的程度取

图 32 空气中弥漫着水雾的夏威夷，彩虹是常见的美景。左下角可以看到部分的副虹。

图 33 从右下角进入的白光，经过棱镜分散之后变成彩虹色（第二块棱镜的解释见图 30，本实验中并不在光路位置上）。

决于颜色种类，而离开棱镜时则产生彩虹色。[16]

太阳辐射中能量最强的部分主要集中在光谱的黄绿波段，而我们的眼睛也逐渐进化得对这个波段最敏感。在所谓的"可见光"或者"光学"波段，我们可以看见从红色到紫色之间的所有颜色。而对于更长或者更短的波段，我们的眼睛就不再敏感了。事实上，更短波段的光甚至不能穿过地球大气层。在第七章，我们可以知道来自恒星和其他天体的辐射要穿过多厚的大气才能被我们观测到。天体辐射只有在我们所谓的透明窗口才能到达地球表面。这个窗口包括可见光波段、部分射电波段以及靠近视觉极限的近红外波段的很小一部分。人类的眼睛拥有两种感觉器官：比较敏感的一种称为杆状体（即视杆细胞。——译者注），因为它们的形状是细长的杆，但是这种器官只能感知黑白二色；另一种相对不敏感，但是能分辨很多颜色的称为色锥（即视锥细胞。——译者注）。

自然界中有不同波长的光，但是却没有任何一样东西可以与"颜色"相对应。当我们试图去理解颜色时，在我们的大脑中，位于视网膜上的杆状体和色锥会产生与大脑相互作用的信号，此时我们才能理解颜色。分辨彩色的信号是由色锥产生的。人类有三种色锥，分别识别红色、绿色和蓝色。当感知到光线时，色锥会释放出一种叫作视蛋白的蛋白质以及一种叫作载色体的分子。杆状体能感觉到黑白色，通过释放视网膜紫质色素得到高分辨率的单色像。这些化学介质相互反应的结果就是产生了相应的电信号。视网膜则拥有复杂的结构和回路，将包括对比度以及边缘结构在内的信息进

行分析，并将分析得到的信号传递给视觉皮质，而视觉皮质会执行同样复杂的解释图像信号的任务。

太阳光谱

自17世纪牛顿发现太阳光谱到19世纪，光学研究有着诸多进展。然而照相术还没出现，因此所有的观测都是通过肉眼进行的，然后进行绘制或者描述。许多接踵而来的讨论也是围绕着光的物理性质和我们对光的理解之间的差异进行的。两者是相关的，但是区分两者却是漫长而又困难的。

除了连续谱，牛顿并没有在光谱上发现什么异常。但是1802年，威廉·海德·沃拉斯顿

图34 1802年，沃拉斯顿写道：A线显示的是红色光谱的边界，有一些混乱，因此需要很好的眼力来找到红色的边界。B线位于红绿色之间，是棱镜上的某个确切位置，很好分辨。同样的D、E两条线，紫色的两个边界，也很好确认。但是，C线蓝绿色的分界并没有其他线那么清楚。而在这条线的两端，各有一条清晰的暗线f和g，在某些不够完美的实验中会被误认为是颜色的边界。[《伦敦皇家学会哲学学报》（*Philosophical Transactions of the Royal society*）LXXXXII（1802），pp. 365-380]

（William Hyde Wollaston）在英格兰做了一个报告，将可见光谱分为四部分（图34）而不是七种颜色，主要进展是极大地提高了对光谱的观测以及发现了强雷的黑暗吸收线。之所以得到这样的结果，是因为他将透过狭缝得到的太阳光投射到棱镜上，而不是全日面。而全日面光会产生重叠光谱并将细节掩盖。沃拉斯顿是一位医生、实验化学家，也是物理学家。他发明了一种从矿石中提取铂金的工艺，并一直为此保密，这项工艺为他带来了丰厚的收入。此外，他还发现了元素钯。光学研究只是其工作的很小一部分，但是却在他公开发表的工作中占据一大部分。关于他对太阳光谱的研究，沃拉斯顿在1802年的《伦敦皇家学会哲学学报》中写道：

我不会将这些观测结果归结为色散，更不用说由白光折射产生的颜色既不是七种，像我们常见的彩虹一样，也不是像某些人设想的那样，可以用一些我所知的手段简化为三种。但是，采用一束非常窄的光线，可以清晰地看见划分成四部分的棱镜光谱，此前尚未有人清晰地观测到。

研究在约瑟夫·夫琅禾费（Joseph Fraunhofer）的身上得到延续。在夫琅禾费11岁时，也就是1798年，他成了一个孤儿。作为一个镜片作坊的学徒，夫琅禾费曾经因为作坊坍塌而被埋在碎石堆里。巴伐利亚选帝侯（马克西米利安一世）带领的人救了他，并一直对他照顾有加。虽

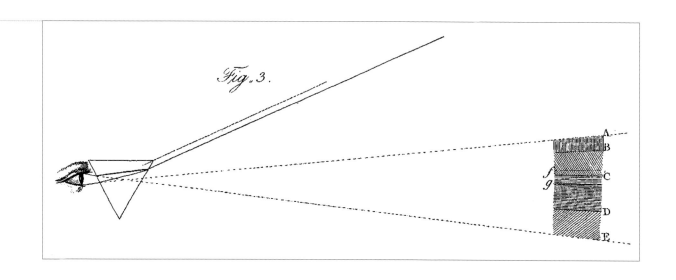

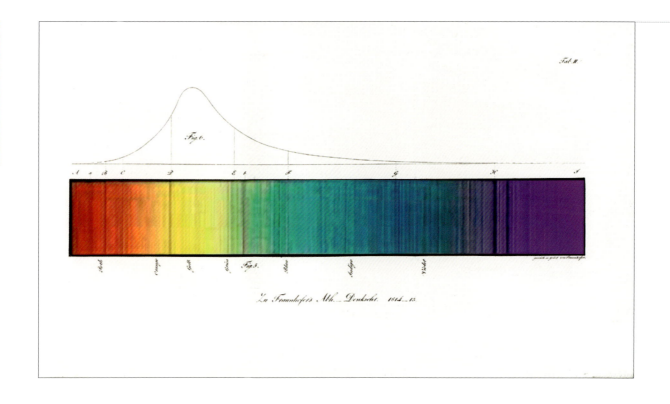

然这些事情听上去不像是真的，但却是事实。最终，夫琅禾费成了前本笃会修道院光学学院的一员，这个故事在尼尔·德格拉斯·泰森（Neil de Grasse Tyson）的《宇宙时空之旅》（Cosmos: A Spacetime Odyssey，2014）第五集中有详细的介绍。《宇宙时空之旅》是《卡尔萨根的宇宙》（Cosmos: A Personal Voyage，1980）的翻拍版本。这个修道院也正是发现13世纪世俗诗歌集《布兰诗歌》（Carmina Burana）的地方。这部诗歌集在20世纪被作曲家卡尔·奥尔夫（Carl Orff）读到，并搬上了舞台。

为了研究他们制作的高质量镜子的特性，夫琅禾费发明了一种测量设备：摄谱仪。为了从火光的光谱中寻找一条明亮的黄橙线（现在知道来自于元素钠），他将摄谱仪对准了太阳。令人意外的是，他在彩虹色的太阳光谱中发现了很多暗线，这也成了他留给世人最大的财富。这些线是暗的，也就是吸收了光谱的亮度，于是我们也称之为吸收线。现在，也会称之为夫琅禾费线（图35）。

夫琅禾费在最初绘制的图中画了574条吸收线，将其中最强的若干条线用大写字母A到H标记，然后用小写字母和下标表示其他稍微弱一点儿的吸收线。光谱的结尾用I标记。我们现

图 35　夫琅禾费于 1814 年绘制的原始图（1817 年发表的是黑白版，现在是彩色版）。光谱上有一条太阳辐射总光度的曲线，曲线显示辐射强度峰值位于黄色附近，并向更短或者更长波段方向下降。

于太阳大气中电离钙的吸收。太阳大气中氢的含量比钙要多，但最强氢线在紫外波段，从地球上无法看到，因为这个波段的光是无法穿透地球大气的。源于氢的 C 线是可见的，又称为氢阿尔法（Hα），来自第二组氢光谱。为了表彰他的发现，夫琅禾费在 1824 年被封为贵族，在其名字中加了"冯"。

从夫琅禾费开始观测太阳光谱时起，我们已经知道，所有的恒星都有夫琅禾费线。天文学家用它们来解释恒星表面的温度、压强。自沃拉斯顿和夫琅禾费的工作开始，经过两位德国科学家古斯塔夫·基尔霍夫（Gustaf Kirchhoff，1824—1887）和罗伯特·本生（Robert Bunsen，1811—1899）的努力，光谱学已经从旧千年的天文学时代进入了新千年的天体物理学时代。

天体物理学时代

仅仅靠观察太阳以及其他恒星光谱中的吸收线，是无法给出关于吸收线的合理解释的。1842 年，哲学家奥古斯特·孔德（Auguste Comte）在一个极其错误的预言中这样写道：

> 在所有的观测对象中，对我们来说，行星应该是变化最小的。我们知道如何确定它们的形状、距离、体积和运动规律，但是我们永远不会知道它们的化学结构和矿物构成，甚至是生活在表面的有机体。

孔德认为理解恒星是一件不可能的事情。这个预言提出后不久，本生和基尔霍夫就证明了它

在依然使用这些字母来表示夫琅禾费线。现在我们已经知道，A、B 两组吸收线是地球大气造成的，而不是太阳大气。C 线来源于太阳光球中的氢，太阳光球就是我们可以用肉眼看到的太阳大气（也就是发出光的那个球面，photos 在希腊语中是"光"的意思）。D 线是一组紧挨的双线，来自钠（sodium），如果将盐（NaCl）投入火中，可以凭肉眼看到这组线，呈现为明亮的黄色或者橙色。法国科学家埃勒泰尔·马斯卡尔（Éleuthère Manscart）在 1863 年标记了另外一组 K 线，不过大多数科学家都误以为是夫琅禾费标记的。H 线和 K 线是最强的夫琅禾费线，来自

是完全错误的。

古斯塔夫·基尔霍夫将夫琅禾费线的观点推进了一大步。在德国海德堡，他与罗伯特·本生一起合作进行光谱实验，包括产生于热气体中的光。基尔霍夫和本生从某些元素产生的光中确定了多条谱线，发现每一种元素都有其独一无二的谱线组合，是元素的化学指纹。很快地，他们使用光谱学方法，在 1861 年发现了两种新的化学元素：铯（caesium）和铷（rubidium）。在他们的工作中，本生使用了最新发明的同名燃烧器（即本生灯。——译者注），这个燃烧器仅仅是本生很小的一项成果。他还发明了一种砷解毒剂。在一次实验室砷化合物爆炸事故中，他的一只眼睛被炸瞎了，而这款解毒剂救了他的命。本生还发明了碳锌电池。在他分析了熔炉产生的废气发现有大量的能量被浪费之后，他改进了德国、英国的工业熔炉设备。本生发明的燃烧器可以提供近乎无色的火焰来加热各种样品，这样他和基尔霍夫想要研究的样品的谱线就不会被火焰本身的谱线所干扰。

基尔霍夫搞清楚了如何确定谱线应该是吸收线（也就是太阳和恒星中的夫琅禾费暗线）还是发射线（所谓的发射线就是某条谱线对应的颜色比周围的颜色要亮），结果是与背景辐射源的温度以及前景物质有关，因此我们看到的光谱是受到光源与我们之间的介质材料特性的影响。他提出了光谱学的三条准则来帮助解释观测结果：

1. 热的固体（致密）产生连续谱；基尔霍夫新造了"黑体辐射"这一名词来描述这种基本的、纯净的热源辐射性状，不同温度的光源会产生不同波段的光强分布。

2. 热的稀薄气体在离散波段产生谱线，谱线波长取决于气体的化学组成。

3. 周围是冷的稀薄气体的热固体源会产生连续谱，只不过连续谱在某些离散的波长上有吸收线，吸收线对应于稀薄气体被加热时产生的发射线。

这三条准则可以用来理解遥远恒星产生光谱的特性。通过理解热源释放和吸收辐射的方式，基尔霍夫认为，被热物质包裹的空腔产生的辐射应该等同于周围热物质的辐射。这样的发现最后延伸出一种想法，鉴于太阳被如此热的表面所环绕，那么太阳内部可能是空的和冷的，足以支持生命的存在。

解释太阳光谱

如果一台仪器被叫作"分光镜"，意味着你要用眼睛透过这台仪器去观测（分光镜的英文 spectroscope 包含后缀 -scope，意思是"视

图 36　利用数字化技术重制的太阳光谱，由亚利桑那州基特峰的美国国家太阳天文台拍摄，众多夫琅禾费线清晰可见。

野"，所以作者说用眼睛看。——译者注），常用的是摄谱仪和分光仪，摄谱仪采用拍照的方式记录光谱，而分光仪则是以电子扫描的方式。当然，现在的摄谱仪要比基尔霍夫或者夫琅禾费时代的仪器先进很多。使用现代仪器，我们在太阳的夫琅禾费光谱中找到了百万条光谱，形成了一个目录。图 36 展示了可见的太阳光谱，通过数字化过程重新制作而成，数字化过程为此提供了非常高分辨率的太阳光谱。

每一条谱线都来源于太阳大气原子中电子的能级跃迁。例如，有一条特别强的线叫作 Hα，就是来自于氢原子二、三能级之间的跃迁。

1925 年，美籍英国天体物理学家塞西莉亚·佩恩 [Cecilia Payne，后来改姓佩恩 - 加波施金（Payne-Gaposchkin）] 通过光谱学研究发现，太阳上约 90 % 为氢。氢外围只有一个电子可以产生发射线，因此其光谱比较简单，只有几条谱线。铁是太阳大气中的少量元素，其中性状态下有 26 个电子，也就会有更多的能级对，因此铁会在太阳光谱中产生几百条谱线。在夏洛特·穆尔（Charlotte Moore）以及之后很多科学家一起制定的目录中，有几十种原子的几千组能级跃迁组合，可以用来解释太阳的夫琅禾费线。

19 世纪末 20 世纪初，哈佛大学天文台的

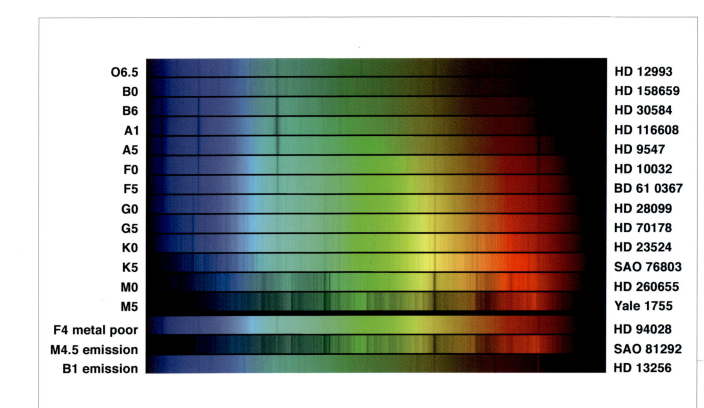

一个计算小组（意思是一群专门做计算工作的人）检查并分类了数千颗恒星的光谱。安妮·江普·坎农（Annie Jump Cannon）单枪匹马地对近十万颗星进行分类，判别条件就是氢线的强度，其中 A 代表强度最高。20 世纪初，她还发现无论是比 A 光谱型的恒星热还是冷，都会导致氢线变弱。因此，坎农分类中的字母顺序是按照温度排的，也就是我们现在很熟悉的光谱型：O、B、A、F、G、K、M。随着红外观测技术的进步，现在将光谱型扩展到了更冷的恒星（使用以前没有使用的字母）：L、T、Y。

图 37 展示了一组不同表面温度恒星的光谱。

当这些恒星大气中的元素被加热，元素中的电子被电离，有效地减少了可以产生谱线的电子数目。而更冷光谱型的恒星中原子和分子保留了更多的电子，因此会显示出更多的谱线。我们的太阳是 G2 型恒星，也就是说处在 G 型星和 K 型星之间十分之二的位置。

图中光谱型列在左边，恒星的星表编号列在右边。最冷的恒星，也就是 M 型星，比起更热的星拥有更多的谱线（大多来自分子，在高温下无法稳定存在）。在 B0 型和 G0 型，我们很容易发现呈现红线、绿线和蓝线的氢系列线，这也恰恰是 A 型星中最强的谱线。

图 37　不同表面温度恒星的光谱，顶部温度最高，底部温度最低。

一百年前，普林斯顿大学的天文学家亨利·诺里斯·罗素（Henry Norris Russell）研究了夜空中部分星系团并发现了恒星温度和其固有亮度之间具有相关性。将每颗恒星的温度和亮度画在图上，他发现大部分恒星是沿着一条斜线穿过整幅图，他把这部分称为主序（main sequence）。他还发现，图中有部分恒星比同样颜色的主序星更亮。由于相同颜色的恒星温度是相同的，也就是每单位面积亮度相同，因此更亮的恒星体积更大。所以在罗素图上，右上角的恒星一定很大，称之为巨星。相对地，一般的主序星被称为矮星。太阳就是一颗矮星，光谱型是 G2。

丹麦天文学家埃希纳·赫茨普龙（Ejnar Hertzsprung）早些时候也做了同样的工作，只不过他是对昴宿星团作图。昴宿星团是一个年轻的星团，只有主序星，还没有演化到巨型星阶段。

也正因为如此，赫茨普龙没有得到罗素图中的关键结果，相关的论文也仅仅发表在一本不出名的德国摄影杂志上。但是在 1940 年左右，一些非美籍的天文学家劝说《天体物理学杂志》的主编苏布拉马尼扬·钱德拉塞卡（Subrahmanyan Chandrasekhar）将赫茨普龙的名字加到罗素图的名字中，最终钱德拉塞卡同意了这个请求。现在我们称其为赫茨普龙一罗素图（图 38），它是天文学家研究恒星和星团亿万年演化的重要工具。

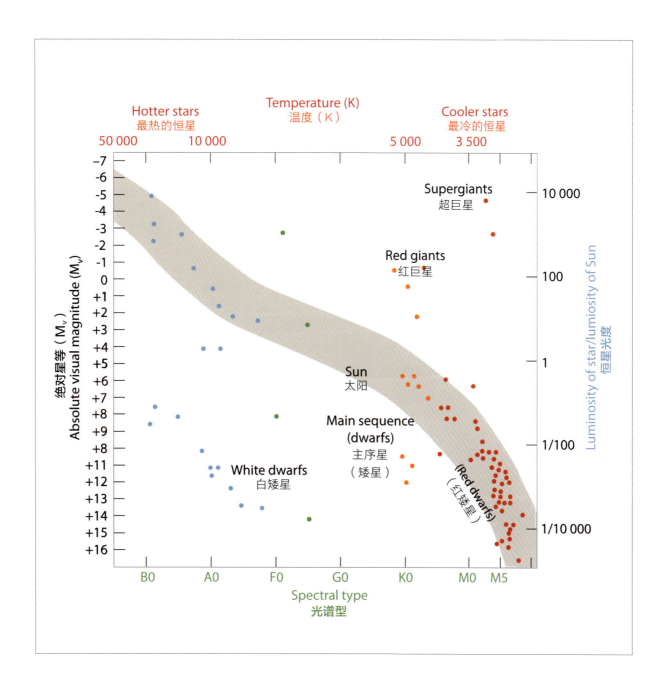

图 38　赫茨普龙—罗素图，又称赫罗图。图中画的是恒星绝对光度和温度。绝大多数恒星落在对角线上，也就是所谓的主序。主序的末端是微弱、寒冷的矮星。明亮而炽热的恒星很快地燃烧掉能源，并脱离主序，小而冷的恒星则长时间待在主序阶段。

CHAPTER **05**

THE SOLAR CHROMOSPHERE AND PROMINENCES

太阳色球和日珥

国际空间站围绕地球运转，每天可以看到 16 次日出，该图展示了其中的一次。图中左上方是为空间站提供能量的太阳能电池板。

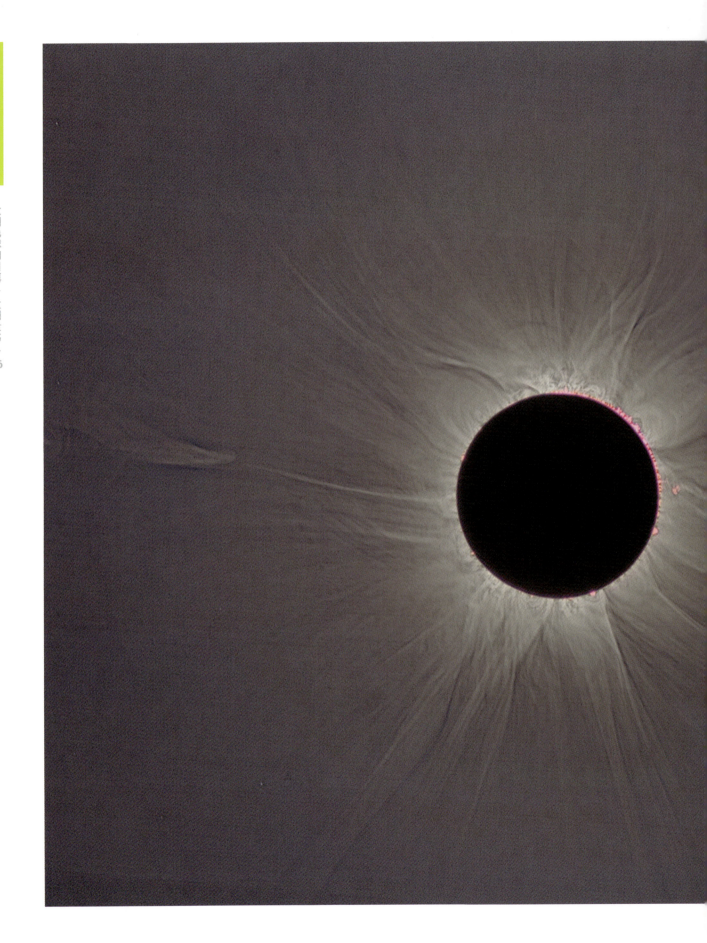

太阳照耀着我们（当天空没有云时），但是我们看到的太阳圆形的明亮边缘并不是它真正的边缘。我们每天看到的太阳表面，学名叫光球，几乎所有的可见光都是从这一层发射出来的。在这个可见表面上，温度是从内到外逐渐升高的，并不是像人们所以为的逐渐下降。理论学家曾经认为，光球之上的大气层是光滑的，实际上，它是一个复杂的、厚度不尽相同的区域，由许多小的针状物组成（如果可以把比英国还大的、几千米长的结构称作"小"）。而之所以说它们"小"，是因为和太阳本身的尺度相比，它们很小。这个有针状物的太阳大气层就是色球。色球的温度变化很大，从近 6 000℃到近 20 000℃。

色球的发现过程

美国国家太阳天文台的太阳物理学家凯文·里尔登（Kevin Reardon）表示，早在 300 多年前，人类就已经在日全食开始和结束时观测到色球。在皇家天文学家约翰·弗拉姆斯蒂德（John Flamsteed）于 1706 年向英国皇家学会提交的报告中，有如下一段记录：斯塔尼安上尉报

2013 年在加蓬拍摄的日全食照片

图 39 2013 年日全食开始时的照片，在加蓬拍摄，显示了太阳上微红的边缘——太阳色球。也可以看见红色的爆发暗条、与色球温度相似的物质，还有两个白色的日冕物质抛射（一个在中间偏右，另一个在中间偏左比较远的区域）。

道称"发生日全食的时候，天空中出现了一条血红色的光带，持续了六七秒钟。紧接着，太阳圆面的一部分突然出现了"。但是，尽管这一段记录中提到了红色光带，但不表明他们能够理解这一现象，因为在接下来的记录中，斯塔尼安是这样说的："我之所以向你汇报这一现象，是因为它表明月亮存在大气层。"在18世纪早期，其他日食观测者也对这一现象给出过相同的解释，其中包括埃德蒙·哈雷，他曾为了1715年穿过英国境内的日全食做了特殊的准备。

一个世纪以后，另一位皇家天文学家乔治·比德尔·艾里（George Biddell Airy）也看到了日食时太阳边缘的红色光带。其实，这种爆发出来的红色针状物就是日珥（图40，偶尔也有人把日面边缘这样的东西称作"耀斑"，这是错误的，太阳耀斑是完全不同的东西）。在1842年出版的《英国皇家天文学会回忆录》（*Memoirs of the Royal Astronomical Society*）中，艾里这样写道：

> 当看着月亮的时候，我惊讶地发现，在太阳圆盘的底部有一些小的火焰状的东西……它们是红色的，而且比日环的其他部分更加耀眼。

艾里的描述似乎表明他也看到了红色的色球。在日食期间，色球的亮度是光球的千分之一；相应的，日冕的亮度是色球的千分之一。

太阳物理学家彼得·福卡尔（Peter Foukal）和杰克·埃迪（Jack Eddy）研究了蒙德尔极小期（1645-1715，太阳黑子数非常少）期间有关太阳色球的报道，得出结论：太阳的色球位于固定的位置，并且可能是由太阳上的磁场产生的。这表明即使在黑子数非常少的时期，太阳上依然存在一些磁活动。

关于色球的细节

在1851年的日食发生时，艾里和英国天文学家弗朗西斯·贝利（Francis Baily）不仅看到了日珥，而且将其描述为"不断喷射的、起伏的火柱……比别的针状物更加耀眼……它的颜色几乎是猩红色"。他们把这种锯齿状的结构形容为"峭"。（图41）

图40 太阳色球和日珥，来自神父安杰洛·塞基（Angelo Secchi）于1875年出版的书《太阳》（*Le Soleil*）。

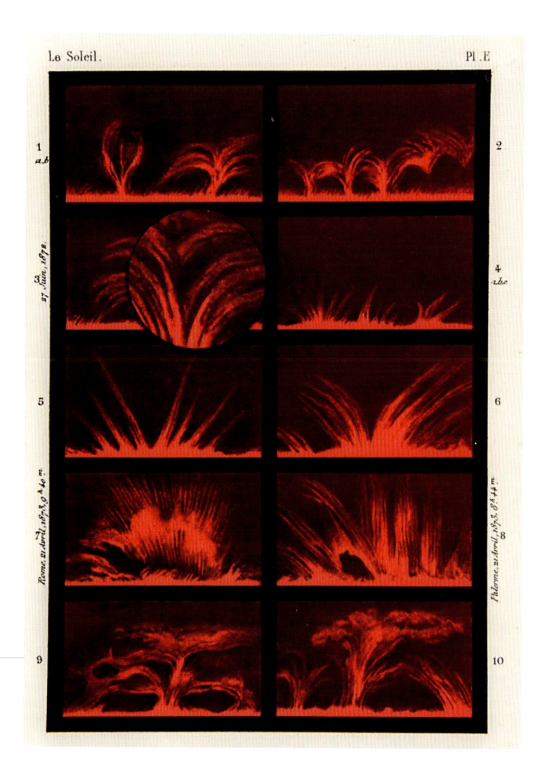

图 41　太阳色球——"燃烧的草原"。此图拍摄于 1872 年，收录在美国天文学家查尔斯·杨（C.A Young）于 1881 年出版的书《太阳》（*The Sun*）中。

1860 年发生日食时，凭当时的摄影术能够得到色球的图像（虽然是黑白色的，之后过了几十年才出现彩色摄影）。对比英国人沃伦·德·拉·鲁（Warren De La Rue）和意大利神父安杰洛·塞基的照片发现，日珥随着太阳运动，而不是月亮。因此，日珥是太阳大气层的一部分，而不是月球的（现在我们知道月球上并没有大气）。

在 1860 年西班牙日食发生时，塞基描述到："这种物质像一个透明的外壳，覆盖了太阳的整个表面。毫无疑问，太阳的光球被粉红色的透明气体包裹着，然而，这在正常的观测中是看不见的。"

光谱学和氦的发现

1868 年穿过亚洲南部的日全食，是人类历史上关于色球认识的转折点。在这次日食期间，一些探险队从英国和法国前往印度参加此次观测，其中最著名的是法国天文学家朱尔·让森（Jules Janssen，全名为 Pierre Jules César Janssen）。他第一次带着刚刚发明的分光镜去观测日食。在日食期间，当月球完全遮住太阳光球，即太阳光球的夫琅禾费光谱（又称吸收光谱）消失时，一系列彩色的线出现在整个光谱中，即发射线，因为它们与黑色的光谱（至少是相对暗）相对应。它们代表特定颜色（波长）辐射的发射。在绝大部分主要的发射线中，有一对亮黄色的（或者说橙色的）线，与夫琅禾费 D 吸收线相对应。这些线被认为是由钠元素引起的（所谓的钠 D 线），这就可以解释了为什么当你将盐撒入火中会发出黄色的光了。让森发现，他在色球光谱中看到的亮黄色谱线并不恰好位于钠 D 线的波长位置，而是有一点儿偏移。更重要的是，让森意识到这条发射线如此亮，以至于不需要发生日食也可能看得到它。让森是这样想的，

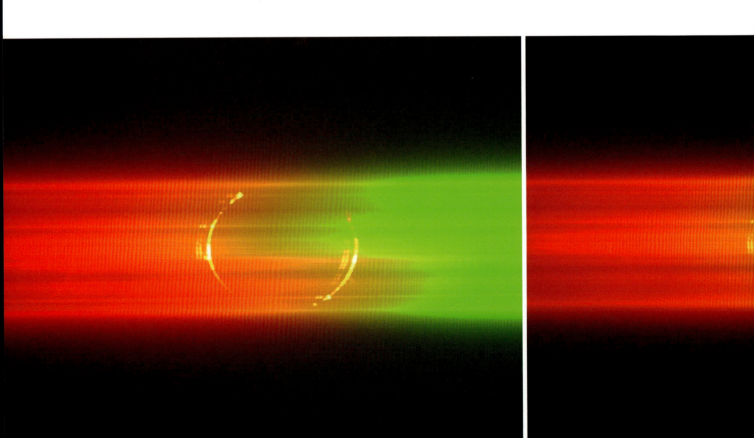

随后他也设法去观测并证实自己的想法。

历史的真相往往比广为人知的传说要复杂得多。事实上，让森并不是唯一一个在这次日食中观测到这条亮黄发射线的人。英国天文学家诺曼·博格森（Norman Pogson）、詹姆斯·坦南特（James Tennant）和约翰·赫歇尔（John Herschel）也在印度用分光镜看到了这条谱线。比曼·纳特（Biman Nath）在 2013 年出版的书《氦的故事和天体物理学的诞生》（The Story of Helium and the Birth of Astrophysics）中清楚地介绍了这个故事。

当这次日食发生时，英国天文学家诺曼·洛克耶（Norman Lockyer）刚刚从一次疾病中恢复，因此无法去印度亲自观测。他订购了一个比以前日食观测时使用的性能更好的分光镜。直到日食发生的几个月后，洛克耶才收到他预定的分光镜。但是不需要日食，他也能在他居住的英国观测色球和日珥光谱。

洛克耶和著名的化学家爱德华·弗兰克兰（Edward Frankland）一起在实验室进行了研究，他们发现，亮黄色谱线和已知的任何谱线都不同。他们认为，这条谱线是由"氦"（Helium，这个名字来自 Helios——希腊太阳神的名字）元素引起的，因为它只存在于太阳上。由于地球上的钠 D 线分别被称作 D1 和 D2，因此这条新的谱线被命名为 D3（图 42）。

太阳色球的现代日食光谱

图 42　太阳色球的现代日食光谱，被称为"闪光光谱"。当夫琅禾费线在光球中消失时，假定光球被覆盖，色球线作为发射线闪进视野中。在色球中，氦的 D3 黄线比钠的 D1 和 D2 双线更显眼，虽然在夫琅禾费光谱中 D1 和 D2 很显眼，D3 根本看不到。

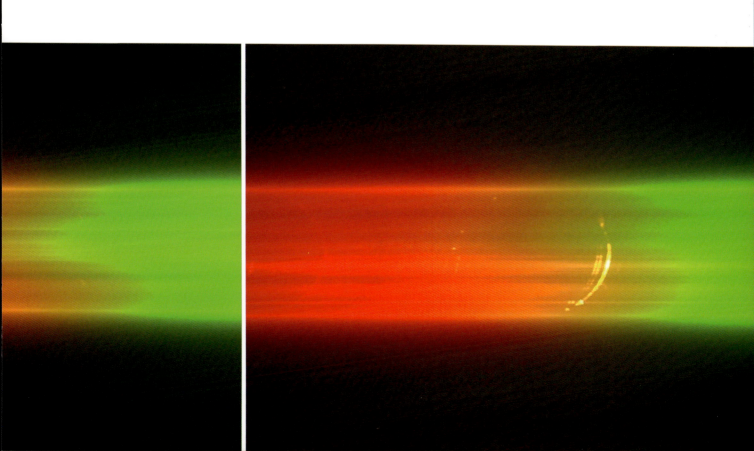

顺便提到的是，洛克耶不是很友好的人，以至于著名的苏格兰天文学家詹姆斯·克拉克·麦克斯韦（James Clerk Maxwell，普遍认为和牛顿、爱因斯坦齐名，是世界上最伟大的物理学家之一）写道：

> 洛克耶，洛克耶，
> 越来越狂妄，
> 因为他认为
> 他是太阳日冕的主人。

虽然洛克耶是在 1868 年 10 月 19 日得到的观测结果，是在让森观测到这条发射线的两个月零一天以后，但非常巧合的是，巴黎科学院在同一天收到了他们的相关论文。因此，人们普遍认为，让森和洛克耶同时发现了色球和日珥光谱（没有提及其他观测者）。洛克耶写道 [摘自 1868 年《皇家学会学报》（*Proceedings of the Royal Society of London*）的一篇文章]：

> 这些观测包括：10 月 20 日发现了日珥光谱并确定了谱线；日珥是气态介质的局部聚集，这些气态介质覆盖了整个太阳。对于这个大气层，建议命名为"色球"，这样一方面可以将它与冷的吸收线大气层（假定是夫琅禾费线的源，现在意识到它们是光球的上部）区分；另一方面可以与光亮的光球层区分开。

直到 1895 年，英国化学家威廉·拉姆齐（William Ramsay）才成功地在地球上分离出气体氦，即化学元素周期表中第二位元素，由两个质子和两个中子组成，在它的中性态中，被两个电子围绕。从中性态到氦的 D3 线，是一种跃迁。氦的能量水平是这样的：它需要比光球的温度更高的温度来提高电子的能量水平，从而引发 D3 线的发射。

观测色球和日珥

在连续辐射中，太阳色球非常薄，以至于我们观测时能穿过它直接看到太阳光球。换句话说，太阳光球的光通过色球传播到地球上，途中

图 43　巴黎造币厂铸造的奖章。为了纪念让森和洛克耶的发现，奖章正面是让森和洛克耶的头像，背面图案表明这一发现来自日食。

受到很小的扰动。但是，如果我们用一个位于最强色球谱线波长处的滤光器看色球，吸收线会叠加起来，使我们能够看到色球层。色球的红颜色来自氢的红色波长发射线 Hα 线。被称为 Hα 线，是因为它是来自氢元素的单电子原子跃迁特点系列发射线中的第一条。因此，如果你在色球 Hα 线的红色波长照一张相，你看到的是色球。相同的，在电离钙的紫外波长照一张相，你可以看到夫琅禾费 K 线，它是在紫外波段由钙原子发射的谱线，在更高的温度条件下形成，对应于色球更高的高度（钙线被夫琅禾费标记为氢线，在波长上长一点，这样在某种程度上更容易看到。它接近氢的中间波长，和氢线混杂在一起，但是和氢线无关）。

在意大利佛罗伦萨阿切特里天体物理天文台的贾尼纳·考齐（Gianna Cauzzi，现在在美国国家太阳天文台）和里尔登（Reardon）以及荷兰和挪威的同事们，用新墨西哥州萨克拉门托峰天文台的邓恩太阳望远镜的成像摄谱仪比较了氢和钙不同波长的长时间、高空间分辨率图像，以研究色球的加热机制。

20 世纪的色球观测

20 世纪中期，太阳物理学的观测取得了巨大的进展，包括一些站点（虽然每天的观测时间有限）的精细观测（基本上是大气的平稳状态）。例如：理查德·邓恩（Richard Dunn）在新墨西哥州萨克拉门托峰天文台建造了望远镜；泰国的拉维·巴维莱（Rawi Bhavilai）和新西兰的雅克·贝克尔斯（Jacques Beckers）两个人在澳

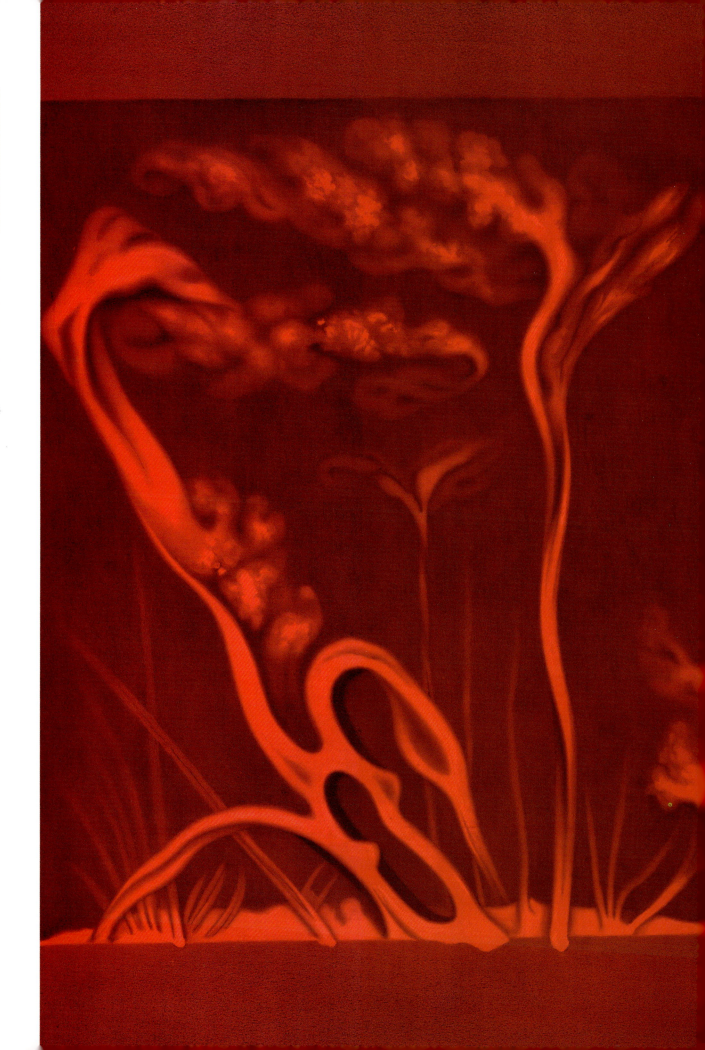

图44 艾蒂安-利奥波德·特鲁夫洛（Étienne-Léopold Trouvelot）于1881年画的石版画上的太阳日珥，用Hα望远镜所观测。

图45 左图：通过Hα滤光器看到的太阳图像，展示了太阳色球的结构。在色球背景上能看到暗条，右下部分活动区中的太阳黑子和亮的色带表明一个大的耀斑正在发生。
右图：通过钙K线滤光器看到的同步图像，展示了太阳色球的结构。在色球背景上亮的区域是谱斑。在这个色球高度，黑子周围谱斑的外轮廓可以看到超米粒。耀斑色带的增亮也能看见，尽管不像Hα图像那么明显。

大利亚工作时建造了望远镜；还有瓦尔特·罗伯茨（Walter Roberts）在美国科罗拉多的高山天文台工作时建造了望远镜，因此可以在色球上看到比以前更高分辨率的图像。

这些观测者不仅能够看到，而且能够在照片上记录色球不是一层厚度均匀的大气层（虽然理论学家经常把太阳色球看成厚度均匀的大气层），而是有很多小的尖峰结构，罗伯茨把它们称为"针状体"。这些针状体在大约15分钟内上升和下沉，并且太阳上始终有成千上万个针状体存在。1965年，哈佛大学天文台的罗伯特·诺耶斯（Robert Noyes）、本书作者之一（杰伊·帕萨乔夫，为了写他的博士论文）在萨克拉门托峰天文台和贝克尔斯一起工作，在当时的空间分辨率下，测量针状体的一些参量，例如高度、宽度。在太阳的边缘观测到的针状体，处于大气视宁度（指望远镜显示图像的清晰度）的极限，几乎总是和相邻的针状体相互扰动。但是更糟糕的是，它们并不独立存在，总是和前面的或后面的

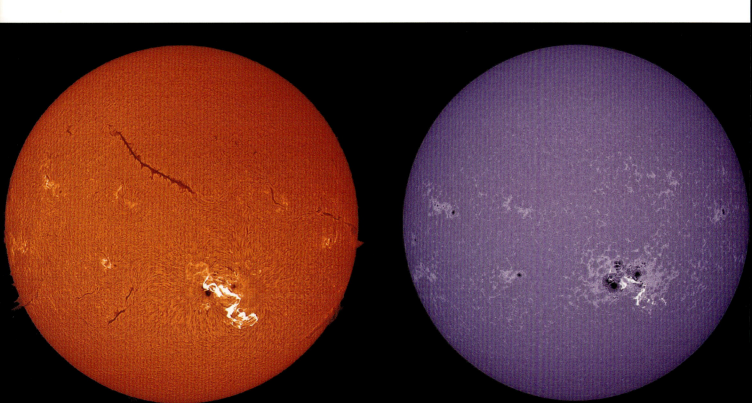

针状体混在一起，因此研究独立的针状体几乎不可能。能够观测到的是，这些针状体的最大高度大约是宽度的十倍。

这些针状体在一小时内足以充满整个日冕，明显的是，许多针状体又会落回到色球上。但是，通过直接的观测来追踪针状体的变化是非常困难的。一般用 Hα 望远镜观测，可以看到大部分针状体从上到下消失。从顶部加热引起光谱线消失，从而造成针状体消失的视觉效应。因此，在萨克拉门托峰的观测以及后来杰伊·帕萨乔夫和别人的观测中，借助分光镜用多普勒频移来测量针状体的移动速度，尽管我们只能看到朝向我们或远离我们的部分，而且许多针状体明显是倾斜的。法国墨东天文台的萨迪格·穆拉迪安（Zadig Mouradian）也用同样的办法观测到针状体。巴黎的瑟尔热·库特米（Serge Koutchmy）用计算算法绘制了针状体高对比、高分辨率的图像（图 46）。

贝克尔斯在 1968 年出版的期刊《太阳物理学》（Solar Physics）中，对针状体的特性做了总结，成为后来研究针状体的权威著作。直到 20 世纪 90 年代，美国国家航空航天局戈达德空间飞行中心的阿方斯·斯特林（Alphonse Sterling）才开始致力于针状体和它们特性的研究。到了 21 世纪初，杰伊·帕萨乔夫和他的学生们在美国国家航空航天局基金的支持下，利用西班牙加纳利群岛的拉帕尔马岛上的瑞典 1 米太阳望远镜进行观测，对针状体做了进一步的统计研究。

在过去的几十年里，美国国家航空航天局的空间探测器主要集中在拓展光谱范围，尤其是 X 射线和紫外线波段，而忽略了空间分辨率。曾有人建议美国国家航空航天局使用高分辨率太阳光学望远镜，可是并没有被采纳。直到 2000 年以后，美国国家航空航天局的太阳过渡区与日冕探测器、太阳动力学天文台和日本日出卫星上的 SOT 望远镜（图 47），才获得了高空间分辨率的图像，达到了地面观测几乎无法获得的极限，即使地面观测已经可以移除大气带来的多种扰动、获得更加稳定的图像。我们将在后面的章节讨论这些重要的太阳卫星。

地球大气层上的空间探测器对极紫外波长非常灵敏，能够在轨道电子从基态向上一能级的第一次跃迁中观测到一条氦发射线，它的波长为 304 埃，大约是氢 Hα 波长的二十分之一。它也能够观测与 Hα 能量相等的、更基本的氢线，

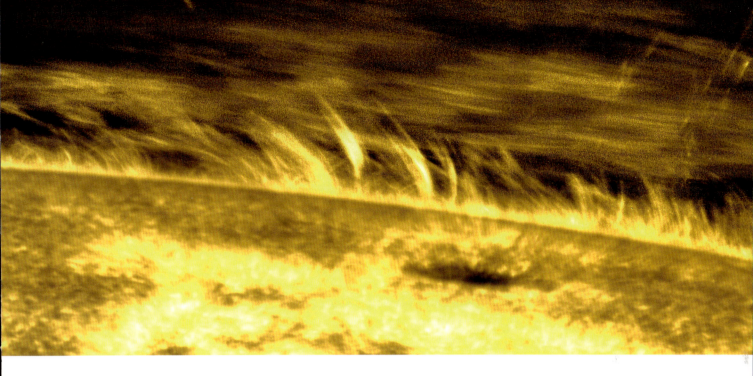

称为莱曼 α 发射线，波长大约是 Hα 的五分之一。这些谱线非常重要，因为紫外（UV）和极紫外（EUV）波长的辐射都不会穿过地球。如果我们想探测这些辐射，需要把仪器放到太空中。

地面观测的局限性之一是成像的可变性，在某个不可预知的时间，在某一时刻会有很好的视宁度。在萨克拉门托峰发现了一个提高视宁度的关键因素——草坪上被浇水以后，视宁度提高了。人们意识到，水使空气中扰动的层流减少，并消除了热空气的上升流，从而使望远镜

图 47　2013 年日出卫星 SOT 望远镜拍摄的图像，展示了大量的针状体上面的一个日珥（在一些角度，日珥显示为"暗条"，日珥这个术语应用于日面边缘而不是太阳日面），图像在紫外波段。

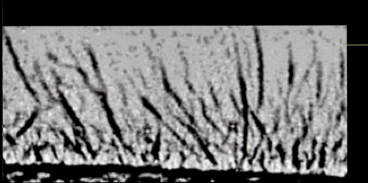

接近太阳北极的针状体

图 46　左图展示了接近太阳北极（瓦尔特·罗伯茨在 1945 年描述的针状体的位置）的针状体，是用巴黎天体物理研究所瑟尔热·库特什米发展的方法得到的日出卫星"太阳光学望远镜"（SOT）观测到的特殊的高对比图像。分辨率是 70 千米，1/10 角秒，比传统的地面望远镜的分辨率高十倍。整幅图只有 10 角秒宽，太阳日面的直径是 1 900 角秒。

视场中的湍流减少。这一发现导致太阳望远镜常被放在水边或水里。在加州的一条通向大熊湖的路的尽头，加州理工学院的哈罗德·齐林（Harold Zirin）建立了大熊湖太阳天文台，能够在一天的绝大部分时间内拍摄到稳定的图像，因此他和他的学生及同事可以通过 Hα 线的观测，制作色球活动的图像。这些图像显示出太阳针状体以及别的活动现象，其中包括剧烈的活动——太阳耀斑。大熊湖天文台用的胶片和好莱坞用的胶片有相同的质量，这些胶片必须放在卷轴上处理和研究。长期担任大熊湖太阳天文台的首席观测员阿尔温德·巴特纳格尔（Arvind Bhatnagar），后来在印度乌代布尔的某岛上建立了一个类似的观测站。

齐林退休以后，大熊湖太阳天文台被新泽西理工学院从王海民（他曾经和齐林一块工作）手中接管。2010 年，大熊湖太阳天文台安装了 1.6 米的新太阳望远镜，该望远镜有成熟的二次成像系统以去除大部分的太阳光热量外加自适应光学系统。

2007 年，洛克希德·马丁太阳和天体物理学实验室（Lockheed Martin Solar and Astrophysics Laboratory，建造了几个空间太阳望远镜）的巴特·德·蓬蒂耶（Bart De Pontieu）报道称：规则的 I 型针状体，即自从 1945 年被罗伯茨命名以来一直被研究，其平均寿命是十五分钟；此外，还有一种 II 型针状体，寿命更短，只存在几秒种到两分钟，之后会很快地消失。日出卫星的 SOT 望远镜由于具有很高的空间分辨率，可以很好地研究这些结构。利用 SOT 望远镜的观测数据，蓬蒂耶和他的合作者看到

的针状体只有 200 千米宽，比以前观测到的窄 3 ~ 4 倍，而且速度运动更快。他们认为这种针状体是一种通过色球的磁波。当汉内斯·阿尔芬（Hannes Alfvén）由于对相关研究的贡献于 1970 年获得诺贝尔物理学奖之后，这种波被命名为阿尔芬波。这种类型的波是使日冕加热到百万度高温的重要机制之一。

图 48　日出卫星 SOT 望远镜观测的日面边缘的针状体。

图 49　这张图像来自 SDO 卫星 AIA 仪器（Atmospheric Imaging Assembly，大气成像组件），波长为 193 埃，其中包括 11 次电离铁（从温度为 120 万开的气体中排出）的大部分辐射。从图像中看，代表冕羽底部的亮点和代表色球针状体的暗点并不在同一位置。

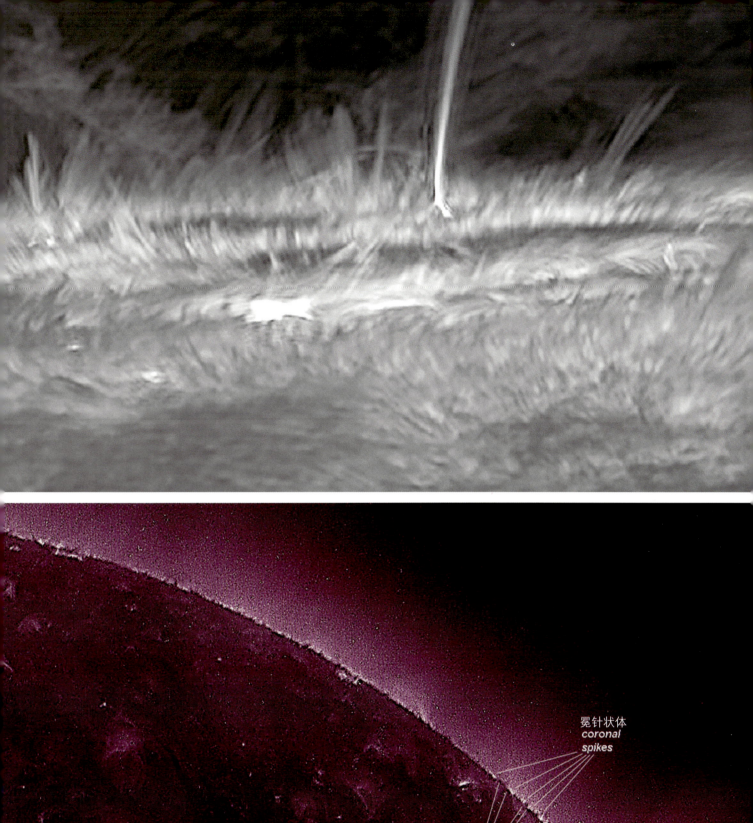
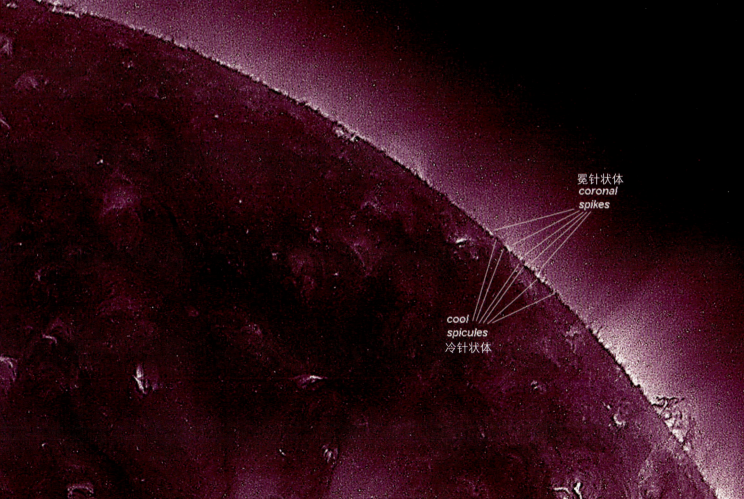

冕针状体
*coronal
spikes*

*cool
spicules*
冷针状体

由于日冕比太阳表面热得多，我们知道一定有某种机制将能量从光球传到日冕中。理解能量如何从光球流向日冕的关键在于色球和日冕之间的结构，即所谓的过渡区，因为能量转移的理论涉及被加热的不同结构的不同几何形状（图49）。天文学家通过观察那些温度比色球高但是比日冕低的离子的图像，例如五次电离氧，来研究过渡区。如果色球全部由针状体组成，而没有针状体间介质，那么日冕会延伸至针状体的足点，过渡区则位于针状体的两侧。IRIS探测器（Interface Region Imaging Spectrograph，过渡区成像摄谱仪，由美国国家航空航天局于2013年发射）正在针对这一问题进行研究。IRIS既有摄谱仪，也有成像仪，可以在紫外波段同时观测色球和过渡区的谱线。

我们能够在太阳日面上看到针状体吗？

关于太阳日面上的哪种结构对应于日面边缘的针状体一直存在争议。这个问题很难回答，很大程度上是因为任何一个针状体的生命周期都太短，以至于我们无法看到它从日面过渡到日面边缘。追踪日面上针状体的根部得到了不确定的结果，有时表明针状体对应日面上小的亮元素，有时是小的暗元素。日面上有一些暗结构玫瑰形图案，也可能是针状体。

未来的太阳望远镜

目前，太阳物理学最大的项目是丹尼尔·井上太阳望远镜，它以夏威夷参议员的名字命名，之前长期被称为先进技术望远镜。它的穹顶安装在夏威夷毛伊岛哈雷阿卡拉休眠火山的3000米山峰上，望远镜及其他内部结构还在建设中，预计在2019年完成。这个项目由美国国家科学基金会资助（图50）。

丹尼尔·井上太阳望远镜将会以史无前例的空间分辨率观测太阳色球，它将拥有太阳望远镜中有史以来最大的镜子，直径超过4米。长期以来，人们一直认为太阳望远镜不必像夜间望远镜那么大，毕竟太阳很亮。但是太阳物理学家已经将太阳光谱拓展得很宽，使图像变得很大以至于光线不足，特别是针状体和其他色球结构变化如此之快，因此曝光时间应该变短。为了避免大气扰动，DKIST将会使用"自适应光学系统"——也就是说，它的主镜足够薄，只有75毫米——它能够通过变形补偿大气波前的不规则性。这些自适应光学的技术也要求快速计算技术的进步。丹尼尔·井上太阳望远镜将会以1/10角秒，大约70千米的空间分辨率观测太阳，它的空间分辨率会比过去地面上最好的望远镜高十倍。

图 50　2016 年 1 月，在夏威夷毛伊岛哈雷阿卡拉建造的
丹尼尔·井上望远镜。

这张照片显示了太阳的日冕环，由美国国家航空航天局过渡区和日冕探测器（TRACE）上的特殊仪器拍摄并于 2000 年 9 月 26 日发布。

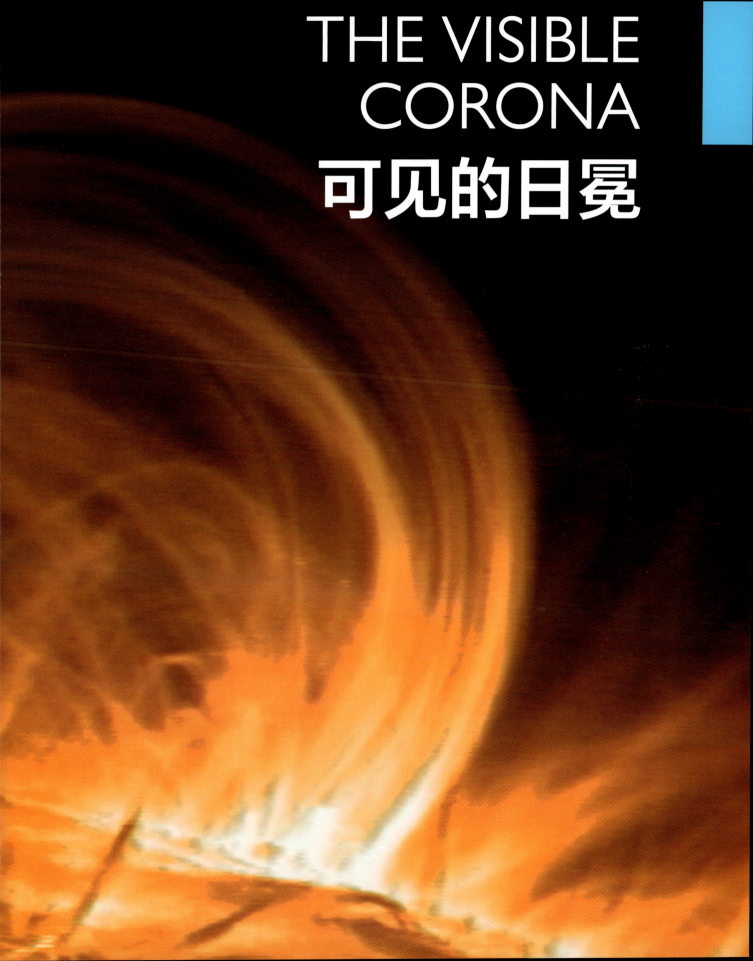

THE VISIBLE CORONA

可见的日冕

图51　日食影像，用一系列照片进行复杂处理之后得到
的日冕精细结构。

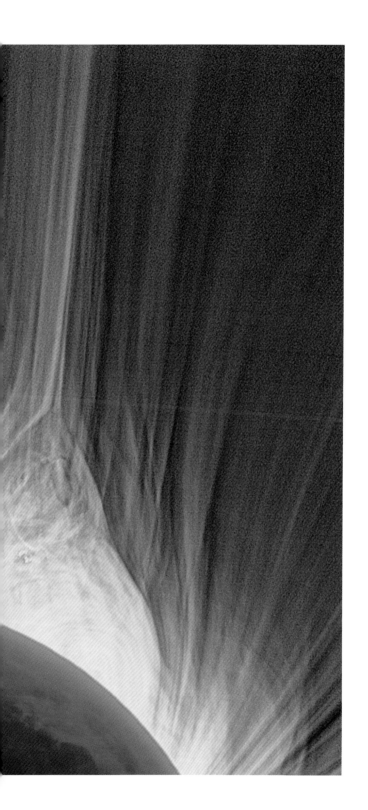

我们观测日全食的时候，可能是站在地球上某一个很普通的地方，又或者是在环游世界的旅行途中。但是我们知道并且相信，正如科学家们预测的那样，在日全食发生时，我们处在月球的影子中。在日全食之前，日偏食会持续一个小时甚至更久，在这个很长的时间段里，我们几乎不会注意到到底发生了什么。你周围的人也许正专注于工作，完全没有意识到头顶上即将发生的事情。在日全食开始之前 15 分钟左右，光线会呈现出一种可怕的状态，你根本无法用确切的语言描述出来。事后，你才会意识到是物体的影子发生了某种变化，太阳在天空中横跨的角度有半度那么宽，临近全食时，影子不再是由太阳的整个日面所投射，而是来自一个狭窄的新月形的太阳，这就使得影子看起来更加清晰锐利。

在全食即将开始的前几分钟，天空会明显地暗下来。但是太阳看起来比月亮亮无数倍，所以即使太阳被遮住，只剩下百分之一被人看见，也比夜晚满月时的月亮要亮 10 000 倍甚至更多。这个新月状的太阳很小但是仍然很亮，所以直接盯着看这个太阳的残余部分仍然很危险。你需要使用专门的"日食眼镜"（或者更准确的描述是"日偏食眼镜"——见附录安全观测准则 I 和 II）观测日食。普通的相机只能拍到一团过曝的亮斑，而无法显示新月形的太阳。

慢慢地，一切改变得更快了。月亮几乎完全遮住太阳，只留下了一串"珠子"，这是太阳光透过月球上凹凸不平的环形山而形成的。这些"珠子"被称为"贝利珠"，以英国天文学家弗朗西斯·贝利的名字命名。在 1836 年的日食中，贝利看到这一现象并记录了下来。实际上在更早的 1780 年，美国缅因州发生了一次日食，哈佛大学的弗朗西斯·威廉姆斯（Francis Williams）就已经观测到并记录了这一现象。当时，缅因州是马萨诸塞州的一部分，对于美国天文学家来说，这一次观测是位于敌方（英国）阵营（1780年日食正值美国独立战争期间，1775 年独立战争的第一枪就是在马萨诸塞州打响的，1783 年《巴黎条约》签订，英国正式承认美利坚合众国。——译者注）。

自从 1925 年纽约日全食，我们了解了这种被称为"钻石环"的现象——天空中只剩下一颗漂亮的"珠子"，并且相对黑暗的天空背景会显得非常的明亮。只有在这个时候，你才能取下日偏食眼镜，直接凭眼睛观看这一天象。

当钻石环消失后，太阳周围会出现晕状的物质后（见图 52），众所周知，它就是日冕，拉丁文写成"crown"（意为"主冠"）。因为研究彗星而出名的埃德蒙·哈雷将日冕的颜色描述为"珍珠白"，这种说法被接受并流传至今。

图 52　日全食期间，日冕环绕着月亮的轮廓，月亮的直径大约为 0.5 度，相当于伸直手臂后，在你眼中手指直径的四分之一。

发现日冕

日食被人熟知已有数千年，甚至，在日食发生的过程中，我们还发现可以通过针孔照相机的光学原理来呈现出非圆形的投影和新月形的图像（名词"小孔"往往让人误以为是针孔那么小的孔，但实际上使用的孔可以比针孔大很多，比如树叶之间的空隙或者帐篷支杆上的孔就可以作为投影用的小孔）。这个在日食期间偶然发现的现象，导致了后来普通相机和胶片相机及摄影机的发明。甚至现在的电影院和电视机的出现，都要归功于当时的日食现象。

几千年来，人们只注意或测算日食发生的时间，并且画出新月状太阳的图（图53所示）。在某个特定地点，新月状太阳的宽窄、太阳是否被完全覆盖可以被记录下来并且保存很多年。杜伦大学的F. R. 斯蒂芬森（F. R. Stephenson）曾用两千年前的日食相关数据来计算地球自转速率随时间的变化。毕竟，地球赤道附近的自转速率是每分钟30千米，日全食是否发生在指定的位置是很明显的，因此即使是古代手稿中的一般性记录也能揭示出是否发生了日全食。而且不管在指定位置是否发生日全食，我们都能很精准地计算出地球自转速率。

第一次明确地提到"日冕"是在1604年，著名的天文学家约翰尼斯·开普勒在《天文学的光学需知》（*Astronomiae Pars Optica*）一书中提到了这个词；后来在1606年，在一本书中描述1604年发现的超新星时，开普勒又一次提到了"日冕"。1605年，开普勒写了16页的关于日食的小册子，介绍一系列的日食，包括当年的日食。但是，那本小册子中并没有关于日食外观的描述。在他1606年关于"新星"的书中，是这样描写"日冕"的（这是从拉丁文翻译过来的，见图54）：

整个太阳被完全覆盖，但是实际上并没有持续太长时间。在中间，月亮所在的地方，像是有一块黑云。周围到处都是红色和火焰般的光辉，宽度均匀，占据了大部分天空 [由美国威廉姆斯学院的埃丹·德克尔（Edan Dekel）翻译]。

图53　15世纪的日食图像陈列，出自普夫劳姆（Pflaum）制作的日历。

Eclipsis solis
dies ho m̄ z⁊ pū m̄ ho m̄

Julius 1478
z9 1 48 0 8 45 1 5z

Julius 1479
18 1z z6 0 0 38 0 38

December 1479
1z z3 40 z4 7 41 z 6

Maius 1481
z8 6 z0 13 z 3 1 18

Maius 148z
17 7 41 41 5 0 1 50

Marcius 1485
16 4 34 5z 1z z3 z 0

Marcius 1486
5 17 47 0 9 z1 z 0

Julius 1487
z0 z 9 0 7 5 1 44

Julius 1488
8 17 36 0 3 11 1 18

Maius 1491
8 3 18 0 8 55 z 10

October 149z
z0 z3 14 18 z 1z 1 16

Eclipsis solis
dies ho m̄ z⁊ pū m̄ ho m̄

October 1493
10 z 35 0 8 z6 z 10

Marcius 1494
7 6 10 0 z 17 1 8

Julius 1497
z9 z 58 0 3 38 1 zz

September 150z
30 19 30 0 9 8 z 14

Julius 1506
z0 3 1 0 z 33 1 z0

Marcius 1513
7 1 41 0 5 31 1 4z

December 1516
z3 3 48 zz 3 10 1 z4

Iunius 1518
7 17 46 1 10 34 z 1z

October 1519
z3 4 30 zz 6 10 1 58

October 15z0
11 5 z3 17 3 16 1 36

Augustus 153z
30 0 59 0 5 4z 1 40

ca corpus Lunæ accensum sustinuit, materia cælestis fuit.

Neapolitana verò relatio superioris anni sic habet : Accuratè tectum fuisse totum Solem , quod quidem non diu duraverit ; in medio , ubi Luna , fuisse speciem quasi nigræ nubis ; circumcirca rubentem & flammeum splendorem , æqualis undique latitudinis , qui bonam cœli partem occupaverit : E regione Solis , versus Septentrionem , cœlum obscurum planè , ut cùm profunda nox est ; stellas tamen non visas. Ut autem nihil dubites de fide historiæ , ecce aliam ex Flandria ; ubi non totus quidem Sol tectus ; prominebat enim suprema pars circuli solaris lucida , latitudine unius digiti , aut dimidij (sanè quia Antverpiæ , citeriori loco , extabat digitus) : sed tamen globus Lunæ visus , declinans ad nigredinem , fuscus , aut quasi fuligine tectus ; cùm superior circumferentia Lunæ esset tota candida , & quasi ignea. Et ut constaret visum esse locum disci Lunæ integrè circumscriptum ; addit relatio , locum omnem , in quem à Sole visus aversus dirigeretur , visum esse fuliginosum , circumferentiâ igneâ. Non poterat igitur phænomenon ipsum habere aliter , cujus species in oculo talis erat. Simile quippiam visum est Jessenio Torgæ in Eclipsi anni 1598. Vidit enim splendore Lunam planè cingi. Vide pag. 299. Opticorum : ubi ultimam vocem aëris latè accipe pro ætherea etiam substantia.

Hic quæro , quinam fuerit ille splendor igneus , circumdans Lunam , quæ ad visum erat Sole major ; quia totum Solem absconderat ? Imò quinam ille splendor , qui Lunam ab inferiore limbo , quo Solem hæc ad unius digiti latitudinem excedebat , nihilominus amplectebatur ? Splendor erat Solis , inquis. Verùm , at non hoc quæritur , sed quænam materia , quodnam subjectum , in quo inhæsit iste Solis splendor ? Ipsa namque per se lux digressa à suo corpore cerni non potest , nisi in subjecto ; quia nuspiam consistit , nuspiam impingitur , nisi in

Splendor ille non erat aëris nostri, neq; Neapoli.

opaco quodam subjecto. Si dicas , aërem fuisse hujus splendori pro subjecto , diversorum locorum experientijs diversimodè refutabere. In Schemate præsenti sit $\alpha\beta$ Sol , $\delta\zeta$ Luna , $\delta\eta\zeta$ Conus umbræ : globus Telluris $\epsilon \iota$. Igitur Neapoli , qui locus concipiatur in ϵ , totus Sol latuit. At ubi Sol latet , is locus in umbra est Lunæ , puta intra ι , ϵ : quare illa portio aëris , per quam species ignei splendoris , Lunam proximè circumdans , in oculos observatoris est delapsa , illa inquam portio aëris erat in umbra Lunæ intra ν η. Sol igitur aërem illum , cui tribuitur splendor iste ab opponente , non illustravit. Dicet forsan adversarius , margines Lunæ Solisque adeò præcisè invicem applicatos , ut non benè discerneretur , an aliquid de Sole superesset , cùm revera
aliquid

图54 约翰尼斯·开普勒首次描述日冕，这部分内容曾在《蛇夫座脚部的新星》(*De Stella Nova in Pede Serpentarii*)中提到。

除了红色和粗略的尺寸外，整体而言，这段文字似乎是在描述太阳日冕和全食前后的各种光学效应。开普勒似乎认为，我们看到的是月亮大气被明亮的、被遮住的太阳从后面照亮了。

日冕是从哪里来的？

日全食时环绕着月亮的"晕"就是日冕。但确切来说，日冕是什么？是月亮的大气吗？在21世纪，甚至还有一些人（不是天文学家！）有这样错误的认识。在1715年（图55）和1724年，在欧洲相距甚远的两个地方分别发生了日全食，但是观测到的日冕的形状却十分相似。如果日冕位于月球上，离地球上的我们仅400 000千米，对比太阳离我们150 000 000千米的距离，大约是月球与地球之间距离的400倍远。那么，在地球上的不同位置观测日冕，应该会出现视差，也就是说从地球上有一定距离的两个点分别观测，日冕会出现在不同的位置上（伸出手指放在眼前，先闭上左眼用右眼看手指，再闭上右眼用左眼看手指，你会发现手指的位置发生了变化，这就是视差）。因此，月亮穿过日冕这种说法，比日冕在月亮上更合情合理。所以日冕似乎是在太阳上，而并非月球的一部分。这个观点在以后的几十年间一直存在争议。直到1860年拍摄的日食的照片展示出月亮边缘轮廓明亮的日珥结构却没有展示出视差角度，才说服了一些科学家相信日冕是太阳的一部分。

图 55　1715 年日全食期间，埃德蒙·哈雷首次绘制了日全食带地图图像。日全食之后，他发布了轻微修正后的大众观测到的日食路径，并预言了 1724 年穿过欧洲的日全食带路径。

日冕的成分

　　在 19 世纪，多个探险队被派去研究日食。尤其是在 1868 年的日食发生时，一些探险队特意去印度观测、研究它 [这次日食也穿过暹罗，即现在的泰国。那一年，著名的国王拉玛四世在穿越自己的王国赶往全食带的旅程中死于疟疾，罗杰斯和哈莫斯坦写的音乐剧《国王和我》（*The King And I*）就是根据这一事件改编的]。

　　1868 年，新研制的分光镜被送去了印度，人们发现，月亮的边缘有一条陌生的光谱线出现在摄谱仪上。正如上一章所提到的，它没有如预期出现在黄色的钠线，也即夫琅禾费命名为 D 线的位置上，这意味着存在一种新的元素，这种新的元素被命名为氦。直到 1895 年，化学家才在地球上分离出氦。当然，我们现在知道，氦是在元素周期表上位于氢之后的一个元素。在

1869 年发生在美国的日食期间，光谱学家观测到日冕中的绿色光谱线（图 56）。通过类比氦的名字，它被称作"冕素"（coronium），因为它只出现在日冕中。然而，在元素周期表中可以找到氦，却找不到冕素，这是因为元素周期表已经被填满了。人们又花了 70 年，才解开冕素的谜团。

　　虽然我们现在知道，恒星 90% 是氢，9% 是氦，少于 1% 是其他的成分，但在当时，很难想象太阳和其他的恒星几乎全是由氢组成的。例如，因为观测到的一些铁线，导致人们得出太阳上有很多铁元素的错误结论，那时的研究者得到的太阳铁元素丰度值比我们现在知道的要高得多。只有拉德克利夫学院的塞西莉亚·佩恩进行了改进计算，并在她的博士学位论文中提出了恒星主要是由氢元素组成的结论。可是，佩恩的结论遭到了有影响力的普林斯顿天文学家亨利·诺利斯·罗素（Henry Norris Russell）的质

疑。过了几年以后，唐纳德·门泽尔（Donald H. Menzel）重新计算得出证据，才使罗素认同佩恩的结论，而现在也成为被普遍接受的理论（大约在 1932 年日全食期间，门泽尔去了哈佛大学。20 世纪 50 年代，门泽尔极力支持并帮助佩恩 – 加波施金，使她得到了她应有的天文学教授的职位。在 1976 年，佩恩 – 加波施金被美国天文学会授予主讲"亨利·诺利斯·罗素讲座"的荣誉）。

日冕光谱学在红外波段是硕果累累的。这个三联线来自于 Fe XIII（12 次电离的铁原子；回想一下，非电离元素的光谱被指定为 I，Fe I 为中性铁原子），并且最近探测器电子学进展允许成像到几个千分尺（千分尺是微米的旧称，是 1 米的百万分之一）的波长，是红外波长的几倍长。在 2017 年日食期间，本书作者李昂·戈拉伯通过飞机上搭载的仪器观测到这个区域的红外波长的部分。

大部分日冕明显的谱线来自于高电离的铁线和钙线，有少数的硅线和硫线。但是这所有的线都是附属的，初级的日冕谱线来自于极紫外线和 X 射线波段，由航天器和探空火箭观测，我们将在下一章描述。

日冕有多热？

最内层日冕只有几条谱线，这些谱线在日食时表现为亮线（发射线），其他部分的日冕光谱总体形状看着很像 5 800 K 的光球光谱。日冕似乎把太阳日面的亮光散射给我们了。但是为什么我们在日冕谱线中看不到夫琅禾费吸收线呢?

要回答这个问题,我们需要先理解"热"这个专业术语的意思。从一个物理学家的角度来说,"热"就是指粒子来回往复的运动速度非常快,随着温度升高,运动速度也在增大。当太阳谱线经由日冕向我们散射时,一部分日冕粒子反射的光线向我们移动,而另一部分则远离我们。如果温度非常高,这些粒子运动得非常快,多普勒效应——与观测者的相对运动导致波长改变——就会让吸收线急剧变宽,以至于它们混合到背景连续谱中,无法被识别出来。

1943 年,归功于本特·厄德朗(Bengt Edlén)的研究工作,确定了日冕有几百万度的高温(对于如此的高温,开尔文温标和摄氏温标之间 273 度的差别基本不值得考虑,开尔文温标始于绝对零度,摄氏温标始于水的冰点)。厄德朗仔细研究了日冕谱线:它显示出的少量发射线,主要的一个在红色,一个在绿色。数百万度的气体是高度电离的,分离成质子、极度电离的原子和电子。这样高度电离的气体被称作"等离子体",常被认为是物质的第四态,与固态、液态、气态并列。当时没有实验室能重现几百万度以上铁的光谱,但是厄德朗研究了一系列等电子序列的谱线,比如周期表上一组相邻的化学元素构成的序列,结果显示:元素的原子序数每增加 1,都比前一种元素电离度增加 1,这样该序列中的离子均含有相同数量的电子。这样,我们就可以利用等电子序列和一些已知光谱元素的光谱,预言一些未知光谱元素的光谱。

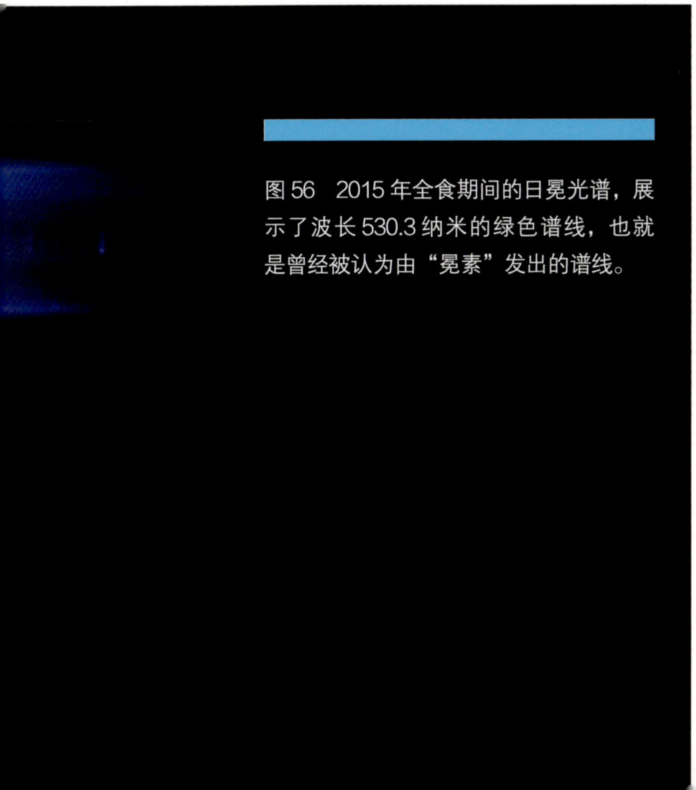

沃尔特·格罗特里安(Walter Grotrian)曾在 1939 年表明,红色谱线来自日冕的 Fe X,是铁原子失去 9 个电子形成的。厄德朗确定,绿色谱线是由于铁原子失去 13 个电子形成的谱线,是具有 26 个电子的中性铁原子的一半。如果是这样的话,日冕的温度肯定超过 100 万度。厄德朗在 1945 年因为揭示了日冕的奥秘而获得了英国皇家天文学会颁发的金质奖章。

事实上,无论是格罗特里安还是厄德朗,都没有明确表明日冕的温度极高。直到 1941 年,诺贝尔物理学奖获得者汉内斯·阿尔芬在瑞典的一家杂志上发表了文章,他对现有的证据进行了总结,并提出关于日冕"被加热到极高温度"的六个论点。阿尔芬强调了磁场和电流在天体物理学场景中的重要地位,认为磁场对加热日冕起着重要的作用。阿尔芬关于日冕温度的结论过去常

图56 2015 年全食期间的日冕光谱,展示了波长 530.3 纳米的绿色谱线,也就是曾经被认为由"冕素"发出的谱线。

常被人引用，但是现在不广为人知了。2014 年，德国的彼得（H. Peter）和印度的德维韦迪（B. Dwivedi）在文章中支持了阿尔芬的观点。

在日食以外的时间观测日冕

尽管由人眼和等效的相机观测可见光波段的日冕有较长时间的历史，但是大部分日冕辐射来自于短波：在紫外波段或者 X 射线波段。在这一章，我们主要讨论可见光波段的日冕观测；在下一章，我们将讨论日冕短波观测。

虽然日冕总是在天空中升起，但是地球上的人们平常并无法欣赏到。它比蓝天还要暗弱，因此只有当产生蓝色天空的散射光在白天被带走时——月亮阻止太阳光撞击空气颗粒时（也就是日全食时。——译者注），微弱的日冕才能被人们一睹芳容。

把仪器架设在空气洁净的高山上，可能会有所帮助，但是并不能保证你一定会观测到日冕。仍会有足够的空气散射灿烂的阳光，限制图像在仪器中的可视性。但是如果是在太空，比如月球上的和国际空间站的宇航员，可以挡住太阳圆盘来看日冕。

1936 年，法国天文学家伯恩哈德·李奥（Bernhard Lyot）想办法制造了一个日冕成像仪，即使在没有日食的情况下，也能够抑制来自明亮光球的散射光，成功拍摄到日冕的照片。李奥用透镜替代了平面镜，因为后者的镀膜中微小的不平滑区域会恶化像质。他非常仔细地打磨透镜使其非常光滑，还在透镜上均匀涂抹了一点"鼻油"（用手指触摸鼻侧得到的）。在望远镜内部，

他在特定位置上精心设置了小的吸收元件（通常被称作"李奥光阑"），阻止光在光学表面来回反射和衍射。通过这种方式，他能在高山上观测到太阳内层日冕。他还用窄带滤波器（现称作"李奥滤光器"）看到了一条日冕发射线，这得益于该滤波器可以定位到这条发射线的波长上，使其与连续的太阳辐射相比，亮度相对地增加了。

利用李奥的发明，可以在整个太阳活动周期过程中持续监测内层日冕。部分日冕仪的所在地包括高海拔天文台（High Altitude Observatory）在科罗拉多州克莱马克斯的观测站、位于新墨西哥州森史波特的萨克拉门托峰天文台（Sacramento Peak Observatory）、法国南比戈尔峰天文台（Observatoire du Pic du Midi）。目前最好的日冕仪位于夏威夷大岛上的莫纳罗亚山，海拔 4 000 米（图 57）。即使如此，这些山顶的

图 57　一台位于高海拔天文台的日冕仪拍摄的日冕影像，该仪器位于夏威夷莫纳罗亚山。白色的环标记了圆盘背后太阳光球所在的位置。

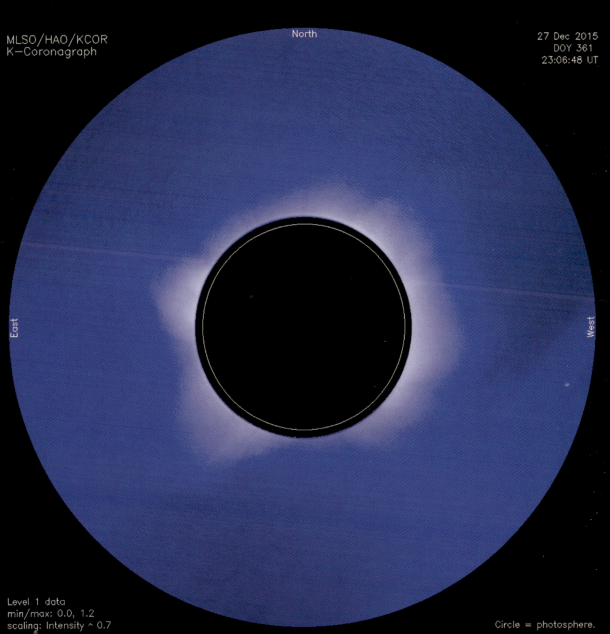

MLSO/HAO/KCOR
K-Coronagraph

North

East

West

27 Dec 2015
DOY 361
23:06:48 UT

可见的日冕 — 太阳全书 — **127**

Level 1 data
min/max: 0.0, 1.2
scaling: Intensity ^ 0.7

Circle = photosphere.

观测站得到的日冕图像，在细节上仍然远逊于日食时看到的日冕图像，也无法向内延伸到接近太阳光球表面的地方，因此在日面边缘总有一个环形区域的内层日冕是平时无法观测到的，只能等待每隔 18 个月发生的日全食时将这个缺失的区域补上。

一些日冕仪是在太空中，位于地球大气层之上。其中，最著名的是"太阳和太阳风层探测器"（Solar and Heliospheric Observatory，SOHO），在 1995 年由欧洲航天局发射升空，搭载了日冕仪，并由美国海军研究实验室（Naval Research Laboratory，NRL）负责运行（我们将在下一章见到，自从第二世界大战末期被邀请使用一些德国 V2 型火箭来进行实验后，NRL 一直进行着太阳和空间的观测与研究）。它是由英国伯明翰大学、法国空间天文实验室和德国马克斯·普朗克高层大气物理学研究所联合制造的。

SOHO 探测器携带了三个日冕仪，观测覆盖范围依次增大。根据覆盖的日冕区域不同，这三个日冕仪从里到外依次被称为 C1、C2、C3。C1

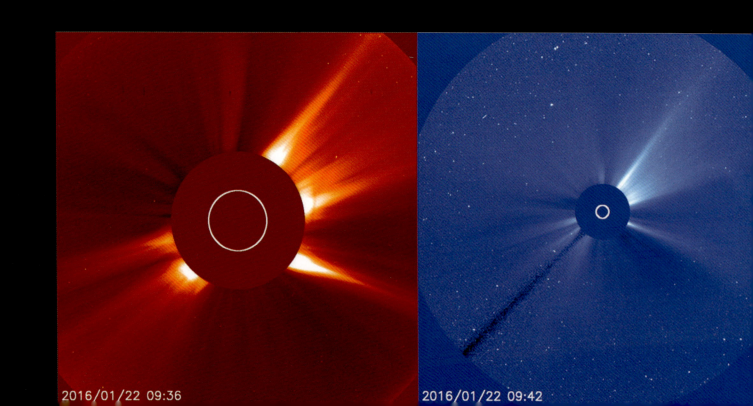

2016/01/22 09:36   2016/01/22 09:42

是唯一的一个李奥类型的望远镜，通过居于中央的圆盘遮住了太阳光球。它的内部散射非常严重，即使李奥的设计已经起到很大的助益。1989年，一次日食期间，由于日面形状不是圆形，SOHO 的定向系统（依赖日面的圆形轮廓来确定指向。——译者注）非常"困惑"，导致卫星失控。卫星平台冷了下来，当时宇航员尝试去控制它想使它起死回生，但 C1 日冕仪还是报废了（我们安排了一些采用相机进行日食观测，其视场大小与 C1 类似，将 C1 充满散射光的照片与日全食期间在地球上拍摄的黑暗天空背景的日冕图像进行比较）。NRL 的大角度分光日冕观测仪（Large Angle and Spectrometric Coronagraph，LASCO）的具体参数为：C1 的图像范围是 1.1 ~ 3 个太阳半径（马克斯·普朗克研究所研制）；C2 的图像范围是 1.5 ~ 6 个太阳半径（法国空间天文实验室研制）；C3 的图像范围是 3.5 ~ 30 个太阳半径（NRL 研制）。注意，太阳边缘外十分之一太阳半径之内的图像还得靠日全食观测，LASCO 日冕仪没有观测到这个区域。

SOHO 卫星已经服役很长时间了，当它结束使命的时候，地球轨道上将不再有日冕仪。现在，SOHO 卫星的紫外图像已经转移到更先进的太阳动力学天文台。

2006 年，美国国家航空航天局成功发射 STEREO 探测器——日地关系观测台（Solar Terrestrial Relations Observatory），它是一对携带日冕仪的卫星。这两颗卫星都在绕日轨道上，一个轨道比地球公转轨道稍靠内，另一个稍靠外，使它们一颗在地球前进方向的前方并越来越靠前，另一颗在地球的后方并越来越靠后，随着其位置持续发生缓慢的变化，可以获取不同角度的图像。2016 年，这两个卫星和地球的夹角刚好都是 180 度多一些（2016 年 1 月 1 日为 194 度左右，2019 年 1 月 1 日为 260 度左右。——译者注），并没有给出一个非常立体的视角。STEREO 的"日地关联日冕和太阳风层探测器"（Sun Earth Connection Coronal and Heliospheric Investigation，SECCHI）的首字母缩写刚好凑出了 19 世纪著名的太阳物理学家塞基的名字，我们在之前的章节提到过他。这个探测器携带了一

图 58　来自 SOHO 探测器"大角度分光日冕观测仪"（LASCO）的一组图像，左侧为 C2 视场，右侧为 C3 视场。

台李奥型的内层日冕仪，由 NASA 戈达德航天中心负责运行；还带了由海军研究实验室负责运行的外层日冕仪以及视场更大的"日心成像仪"。内层日冕仪 COR1，观测视场范围为 1.3 ~ 4 个太阳半径。外层日冕仪 COR2 的观测视场范围可延伸到 15 个太阳半径。日心成像仪的视场则从 COR2 的外缘一直延伸到地球轨道处。

可见光波段的日冕成像

太阳日冕的亮度范围分布很广，从太阳边缘到离太阳边缘仅仅一个太阳半径的地方，亮度就下降了 1000 倍，尽管日冕的形状导致这个倍数的具体值在各处不同。继续向外，亮度继续下降，所以没有一个单一的成像仪可以捕捉日冕的全部亮度范围。因此在单张图像中，有些日冕的细节丢失了。

第一张日冕照片出现在 1851 年，距法国的路易 – 雅克 – 芒戴·达盖尔先生（Louis-Jacques-Mandé Daguerre）改进照相术并与法国巴黎天文台的弗朗索瓦·阿拉戈（François Arago）合作将其新方法运用到天文学上仅过了 12 年（达盖尔成功地发明了实用摄影术，并于 1839 年公布于世，称为达盖尔摄影法或者

PLATE III.

图 59　1881 年印刷的日全食图像，原图由艾蒂安 – 利奥波德·特鲁夫洛绘制。图上展示的日冕形状符合在太阳黑子极小期前后发生的日全食的样子。红外波段的色球和日珥也有展示。

TOTAL ECLIPSE of the SUN.

Observed July 29, 1878, at Creston, Wyoming Territory.

E. L. Trouvelot

银版摄影术。——编者注）。1851 年的日冕图像就是使用银版摄影法成像的，作者是"伯科维茨"——可能指的是约翰·朱利叶斯·弗里德里克·伯科维茨（Johann Julius Friedrich Berkowski），他是哥尼斯堡市（现加里宁格勒市）最熟悉银版照相法的人之一。

由于电子探测器的动态范围（以前是胶片）要比日冕的亮度范围有限得多，近年来，各种计算机技术都被用来将不同曝光参数下多张图像的最佳部分进行合成。早在 1918 年，美国海军气象天文台俄勒冈州日食远征队的负责人邀请了一名画家——霍华德·罗素·巴特勒（Howard Russell Butler）来完成这一任务。巴特勒拥有非凡的才能，能够用油画将眼睛看到的细节和颜色生动地再现出来。在那个时候，他的油画展示出了比照片更多的关于日冕形状的细节。巴特勒创作了一系列关于日全食的绘画，分别描绘了 1923 年、1925 年和 1932 年的日全食（图 60）。这些画正常尺寸的原件有 2 米高，现归纽约市美国自然历史博物馆所有，挂在海登天文馆入口数

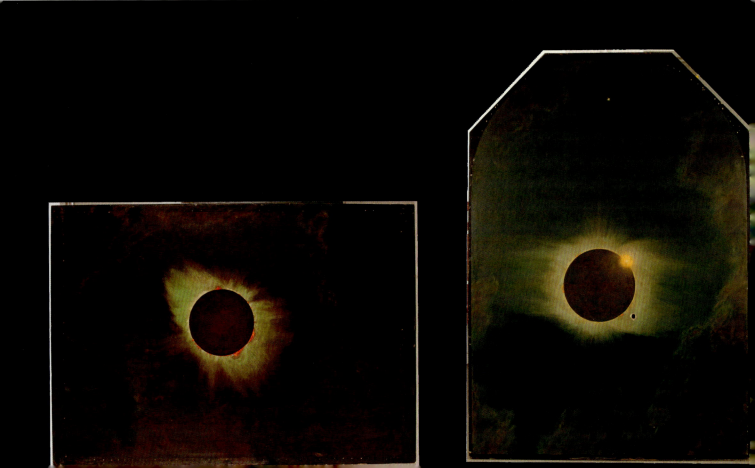

十年。还有几个只有一半大小的画放在费城富兰克林学会。在普林斯顿、史坦顿岛博物馆以及布法罗科学博物馆，还有一些没有展示过的画。

捷克计算机科学家米罗斯拉夫·德鲁克穆勒（Miloslav Druckmüller）使用计算机合成了一些当今世界最优秀的全食日冕照片，展示出距离太阳表面很远处的日冕细节，并且增强了日冕细节的对比度。他会使用几十张采取不同曝光参数曝光的单帧照片。虽然这些单帧照片往往来自于尼康和佳能等消费级相机，但德鲁克穆勒仍然会谨慎地按照科学数据处理的全过程来加以对待，例如减去暗流和本底，以减小相机传感器的背景噪声，消除传感器响应的不均匀性和读出噪声。在谷歌上打出"Druckmüller eclipse"，会很容易找到他的日食图像网站（www.zam.fme.vutbr.cz/~druck/eclipse），网站上还有他将 1980 年的日食照片重新加工得到的作品。

德鲁克穆勒不仅处理按照他指定的参数拍摄的图像，例如我们作者中的一位为他提供素材而得到的图像（杰伊·帕萨乔夫，见图 51），也会

图 60 霍华德·罗素·巴特勒根据他在日食期间的记录和素描，分别绘制的 1918 年、1923 年和 1925 年的日全食图像。

亲自去全食带旅行。他经常与夏威夷大学的太阳物理学家沙迪亚·哈巴尔（Shadia Habbal）一起出行。温迪·卡洛斯（Wendy Carlos）也处理过这样的图像。

这些图像非常清晰地展示出太阳日冕主要由冕羽构成。冕羽的形状由太阳磁场和热的日冕气体/等离子体之间的相互作用来决定。它们随着太阳活动周期变化（在太阳黑子周期很明显，可以用肉眼看到）。在太阳极大期，所有的方向都会出现冕羽，就像豪猪的刺，整个日冕看起来相当地圆；在太阳极小期，冕羽主要集中在赤道带上，所以日冕看起来呈现椭圆形。在太阳极小期，极区很少有冕羽出现，带状气体流被太阳磁场束缚住了。通过对比在日全食期间，全食带上不同区域所拍摄到的冕羽的不同（全食带上不同位置看到日全食的时间也不同。——译者注），可以测量出冕羽上流出物质的速度。

大气层的透明窗口包含可见光、无线电波段和一部分红外波段，不会有紫外线和 X 射线穿过大气层抵达地面，即使是山顶的观测站也无法观测到。但是自 20 世纪 40 年代以来，有火箭携带望远镜在太阳大气层上空去揭示太阳辐射在短波波段的光谱。这部分的太阳观测将在下一章详细讨论。

日冕在无线电波段的成像

热的日冕气体会在各种频率下发出无线电波，其空间分布细节可以使用望远镜阵列来观测，例如美国新墨西哥州央斯基甚大阵（Jansky Very Large Array）。2012 年日环食期间，本书作者之一（杰伊·帕萨乔夫）与同事就使用过该望远镜尝试验证日冕气体循环中射电波与 X 射线发射位置的一致性。日本还有由几十个小型射电望远镜组成的专门的射电日像仪，最近中国内蒙古的明安图也建设了这样的望远镜阵列。

大型天文射电望远镜阵列"阿塔卡马大型毫米/亚毫米波阵列"（Atacama Large Millimeter/Submillimeter Array, ALMA）也能用于研究太阳。我们期待看到它在红外辐射的长端、射电波段的短端对太阳进行测绘，既包括在平时，也包括将于 2019 年—2020 年在其台址可以见到的日全食期间。

2001 年赞比亚日全食图像

图 61　由纽约音乐家和业余天文爱好者温迪·卡洛斯（Wendy Carlos）用 20 多张照片合成的日食图像，展示的是 2001 年赞比亚的日全食。我们看到典型的太阳极大期时圆形的太阳日冕形状。卡洛斯做了少量修正，使其与德鲁克穆勒的作品（例如图 51）相比，更接近肉眼所见的现象。

CHAPTER 07

中等规模的太阳耀斑和日冕物质抛射同时从
太阳上的活跃区域喷发出来。

THE INVISIBLE CORONA: A DISCUSSION MOSTLY ABOUT PHOTONS

看不见的日冕：关于光子的讨论

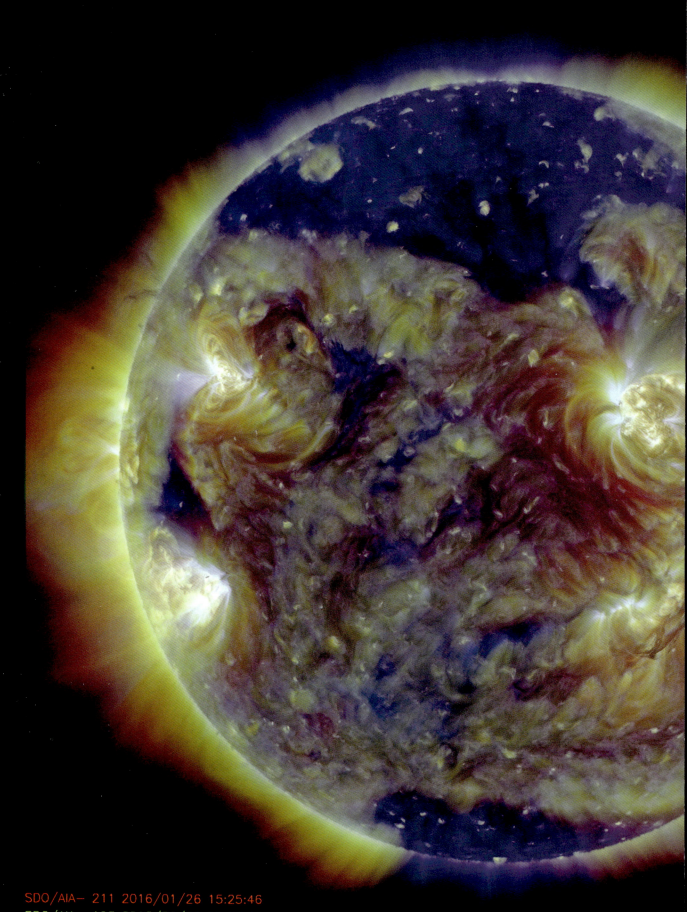

SDO/AIA– 211 2016/01/26 15:25:46
SDO/AIA– 193 2016/01/26 15:25:41
SDO/AIA– 171 2016/01/26 15:25:34

我们所说的可见光只是电磁波总频谱的一小部分，而整个电磁波谱是从波长非常长的无线电波一直到波长极短的伽马射线。[17] 带电粒子在加速时往往发射不同波段的电磁波，并以光速在空间传播。地球大气层阻挡了许多比可见光更长或更短的波长，所以直到航天时代到来之前，我们对宇宙的认知都是非常受限的。一旦拥有了把仪器置于大气层之上的能力，我们就能够观测这些看不见的波长——之所以看不到这些波长，恰恰是因为它们不能到达地面，因而我们的视觉没有必要进化到可以观测到红外、紫外等颜色——有了空间望远镜之后，我们看到了一个非常不同的世界，充满动态的现象和高速、高能的变化。人们发现宇宙并不像此前以为的那样缓慢变迁，而是一个动态的、充斥暴力的地方，充满了奇异天体（指中子星等致密天体。——译者注）和高能爆发。这一观念的改变以太阳为例来说明，再合适不过了。

图 62　这张图像由 SDO 卫星的大气成像组件拍摄，展示了热的日冕在极紫外波段的辐射。三个图像在不同的极紫外波段，并结合了不同的温度。

1879 年，麦克斯韦发现电磁现象十年以后，一个名叫海因里希·赫兹（Heinrich Hertz）的毕业生，他的导师赫尔曼·冯·亥姆霍兹（Hermann von Helmholtz）建议他找方法测试麦克斯韦的理论。赫兹没有立即接受这个挑战，而是在几年后，才开始研究是否麦克斯韦理论所预言的任何波都能被探测到。他建造了一台能产生高频无线电波的仪器，并成功地在几米远的接收器中发现了高频电波。在对这些波的性质进行了一系列复杂的测试之后（包括证明信号会从金属表面反射），赫兹似乎对无线电波失去了兴趣。据报道，一些学生问到他的工作的重要性时，他回答道："它毫无用处。"

然而，有其他人发现了无线电波仪器的重要用途。通过持续的努力和对设备不断地改进，古列尔莫·马可尼（Guglielmo Marconi）在无线电领域取得了重要的成就。他从 1894 年开始在后花园做无线电实验，但他的实验在意大利并没有

国际空间站上拍摄的地球气辉。气辉是发生于
电离层中的大气光学现象。

的传输时间是夜间，传输距离可以达到 3 400 千
米，而白天传输达到 1 100 千米后就失败了。

　　马可尼的成就如此令世人惊讶，按照当时的
常识来看简直是不可思议。无线电波和光以同样
的方式传播：如果不被遮挡，大多数情况下是走
直线的。由于地球表面存在曲率，根据用于接收
广播信号的天线高度，马可尼的信号传输距离应
该被限制在 200 千米或 300 千米内。这些波怎
么能在地平线上传播这么远的距离呢？几乎同
时，大西洋两岸的美国电气工程师阿瑟·肯涅利
（Arthur Kennelly）和英国物理学家奥利弗·赫维
赛德（Oliver Heaviside）提出了解决方案。他们
认为高层大气会反射无线电波，允许它们不受地
球曲率的限制。1912 年，英国物理学家威廉·埃
克尔斯（William Eccles）提出，白天和夜晚传
输的巨大区别可能是由于太阳辐射引起的导电层
性质的变化 [美国诗人艾略特（T. S. Eliot）在
一封信和后来的一首诗中提到了"赫维赛德层"
（Heaviside layer）；在音乐剧《猫》（Cats）中，
赫维赛德层比"杰利克月"（Jellicle moon）更加
遥远]。

　　这一层大气被称作肯涅利一赫维赛德层
（Kennelly - Heaviside layer），当时用它的反射来
解释无线电的超视距传播的说法遭到质疑，而无
线电波发生衍射被认为是更为可能的解释。后者

引起重视。后来，马可尼在英国找到了知音，并
于 1896 年移居英国。他在 1899 年横跨英吉利
海峡传输了编码信号，又在 1901 年成功进行了
横跨大西洋的传输，传输距离达 3 500 千米。今
天，人们对这一说法持怀疑态度，因为信号是在
白天发出的，而白天不利于信号的传播，更何
况他使用的频率也不好。1902 年，马可尼准备
了一个更好的测试用接收机放在"费城"号轮船
上，从英国向西行进。人们发现无线电信号最好

预言，长波长的电磁波比短波长更容易被衍射，更适合远距离传输。政府因而对长波的使用进行了管制，只允许越来越多的业余无线电爱好者在"无用"的短波段工作。因此，1922 年 11 月，业余运营商在大西洋两岸的法国尼斯和美国康涅狄格州西哈特福德之间实现了第一次双向通信，这在当时造成了很大的轰动。由于这次的传输波长很短，所以很明显它不是通过靠近地表的路径传播的，而是在大气中发生了反弹，也就是所谓的"跳跃"传输，类似于打水漂。因此，人们对大气导电层再次燃起了兴趣。

电离层

英国剑桥大学的爱德华·阿普尔顿（Edward Appleton）决定通过研究从伦敦英国广播公司传来的信号的性质来探索假想的大气反射层，并且研究它的强度在昼夜间如何变化。在剑桥接收到的信号包括直接传播来的和经过大气层反射的，两束信号因为走的路径长度不同而发生了干涉（在可见光中也有类似现象，例如在牛顿环中看到的干涉条纹）。1924 年 12 月 12 日的晚上，阿普尔顿确定了这个反射层位于海拔约 100 千米的高度，他用"电矢量"（electric vector）词头将其记作"E 层"。继续实验，他在 E 层上面又发现了另一反射层，称之为 F 层。后来，他还发现在离地面近 60 千米的地方偶尔出现一层反射层，他选择称之为"D 层"，而不是把它们重命名为"A""B""C"等，因为他不知道自己会发现多少层。

几乎同时，在华盛顿，格雷戈里·布雷特（Gregory Breit）和他的学生梅尔·杜武（Merle

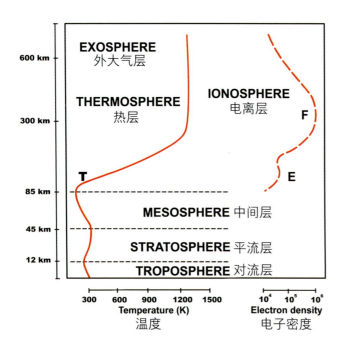

图 63 电离层在大气层上方形成，大部分在热层，但是同样延伸到中间层以下并进入外大气层。图表右侧粗略地显示了自由电子的典型数密度在电离层中随海拔的变化。从晚上到白天，这些数值有相当大的变化，并且与太阳活动水平密切相关。

Tuve），在美国海军研究实验室进行传输设备开发工作，他们使用一种叫作"脉冲高度"的技术，来确定导电层的存在以及它的高度。这种技术的关键是发送短而强的无线电波，并测量接收到的反射波所需的时间。这种脉冲法是现在被称为"无线电检测和测距"（Radio Detection And Ranging）技术（缩写为"雷达"）的基础。最终，负责英国雷达发展工作的苏格兰物理学家罗伯特·沃特森·瓦特（Robert Watson Watt）提议，参考术语"平流层"（stratosphere）和"对流层"（troposphere），可以将导电层称为"电离层"（ionosphere），从此"电离层"成为公认的术语（图63）。

NRL 曾长期参与军事无线电和雷达设备的开发，并研究电离层对通信的影响。早在 20 世纪 20 年代，NRL 的一个研究员爱德华·赫伯特（Edward Hulburt）就提出，在太阳大气层中的极紫外辐射（EUV）被吸收时会产生电离层。到了1945 年，NRL 的另一个研究员恩斯特·克劳斯（Ernst Krause）被派往德国，与德国火箭科学家进行工作交流。在那时，他意识到导弹技术对于高层大气研究的重要性。回国之后，克劳斯向领导汇报了这一重要发现。同年 12 月，NRL 创立了火箭探空仪研究分支机构。一个月后，陆军军械部邀请 NRL 和海军资助的科学家开始利用探空火箭来进行研究。

探空火箭

美国文学史上最著名的一个笔名恐怕是塞缪尔·克莱门斯（Samuel Clemens）的笔名——马克·吐温，这个笔名是向一位已故的密西西比州船长借的（"我拿来就用了，未征得所有者的同意。"），后者在新奥尔良州《花絮新闻》（Times-Picayune）上发表河流新闻报道中以此署名。而这个词实际的来由是这样的：为了确保水足够深以便安全通行，船上的测深员会把铅锤捆在绳子的一头扔进水里，当水深超过两个绳节——12 英尺或 3.65 米时——他会喊出"够了！两节儿！"（"By the mark, twain！"），为省事也可能喊成"马克·吐温"（mark twain）。

铅锤底部有时会被掏空，用来收集河床物质样本以确定何时从安全的泥土转变成危险的岩石，这个采样过程被称为"水深测量"（sounding）。法语单词 sondage（从 sonder 这个词根来的，意为探测）用于"取样"过程——在现代用法中，它意为开展一次民意调查，而以前则意为考古人员用洛阳铲打探。早在 20 世纪，这个词被应用于仪器名词，出现在"无线电探空仪"（radiosonde）一词中，这是把高空气象探测气球探测到的大气数据使用无线电传回地面的仪器。从小型火箭被用来探测高层大气到进一步探测电离层，再到进入轨道卫星的高度，它们都被称为"探空火箭"（sounding rockets），以表明它们在高空中的用途是进行测量。

"二战"结束后，几百车缴获的 V2 导弹零件被运到新墨西哥州白沙导弹靶场（White Sands Missile Range，WSMR）和附近的布利斯堡陆军基地。一同送到那儿的，还有一大批德国火箭科学家和工程师（图64）。20 世纪 40 年代末和 50 年代初，这里发射了几十枚 V2 导弹，与此同时，美国也发展了自己的"空蜂"（Aerobee）火箭计划。这两型火箭主要用于上层大气和太阳的研究，它们逐步改进了降落伞回收系统，加上了太阳指向（solar pointing），空蜂系列运载火箭的有效载荷也逐步增加。[18]

世界各地有许多小型探空火箭项目，如欧洲、亚洲和澳大利亚等地。最大的项目在美国，其中 NASA 的探空火箭发射主要是在白沙导弹靶场进行的；还有一些火箭在弗吉尼亚州的沃勒普斯岛（Wallops Island）或者阿拉斯加州的泊克福莱特研究试验场（Poker Flat）发射。探空火箭比起卫星有一定的优势：它们建造和发射的成本低得多，从项目启动到完成发射的时间通常

更短。因此，探空火箭比起卫星有更多发射机会（主要还是由于较低的成本）。探空火箭为测试新仪器及培养年轻科学家和工程师提供了一种途径。不利的一面是，发射探空火箭使用的是固体燃料火箭发动机，它会产生可怕的加速度（火箭在大约四秒内达到超声速！）和巨大的振动负荷。此外，与地球轨道卫星可以持续数月乃至数年进行观测相比，探空火箭飞行的时间通常仅有五分钟左右。不过，这个数字总归比零大无数倍，所以它仍然是一个非常可取的研究方法。能用火箭开展观测，对太阳物理学尤其有价值，因为日冕和日冕动力学最好是在大气层的上方在可

见光波长以外进行研究。1949 年 2 月 24 日，一枚从白沙导弹靶场发射的火箭达到了 250 公里的创纪录高度，成为第一个到达外层空间的人造物体。

X 射线波段的太阳

在 1860 年之后的大约 80 年间，太阳日冕曾是天体物理学中最大的未解之谜之一。1860 年，摄谱仪被首次用于观测日食时的日冕；1941 年，伟大的瑞典物理学家汉内斯·阿尔芬利用当时已有的证据证明了日冕非常热。问题是，日冕的存在似乎在物理上是不可能的。它的光谱和太阳表面的光球光谱很像，显示其温度为 5 800 K。这当然也挺热的，但还不够热，不能让日冕延伸到人们看到的那么远的地方。大气层的范围取决于温度与重力的平衡，温度使它向外膨胀，而重力则把它拉下来。如果日冕温度为 5 800 K，在太阳强大引力的影响下，它延伸的范围应该只有太阳半径的很小比例，比观测到的范围要小很多。所以，如何解释日冕延伸到"不可能"的范围是一个大难题。

此外，正如在第六章看到的，我们在日冕中发现了明亮的谱线，这些特定波长的谱线全都不能识别。它们的波长似乎不符合任何已知元素！

图 64　曲别针行动（Operation Paperclip）的部分科学家，这 100 多个人主要是德国火箭科学家和工程师，1946 年摄于得克萨斯州布利斯堡。沃纳·冯·布劳恩（Wernher von Braun）站在第一排，是从右数的第七个。他和他的团队在 1950 年都搬到了亚拉巴马州亨茨维尔，在那里研发了"红石"（Redstone）等火箭。

为此，当时人们提出很多解释，包括提出一种新的元素——"氪"[coronium，用日冕 corona 来命名的元素，类似于首次在太阳光谱中发现并以太阳命名的氦元素（helium）]。这些解释都不能令人信服。最后，科学家们将高温等离子体光谱学的实验室研究、详细的原子物理计算和对某些特殊变星的观测研究汇集在一起，从而得出了答案。他们发现这些奇怪的发射线来自普通的已知元素（如铁和钙）的奇异状态：由于温度过高，它们的许多电子被剥离。热日冕气体中原子之间的碰撞将电子从中性原子中踢出去，并且温度越高，碰撞越激烈，被踢走的电子越多。这些自由电子最终与它们的离子伙伴重新结合，并在这个过程中发射一个光子。同时，其他原子的电子也电离出来，并在电离和复合两种过程中不断循环。

这些特殊的高度电离（即电子被除去）的状态，再加上其他更微妙的光谱证据（如观测谱线的致宽），共同证明了日冕气体处于极高的温度，高达 1 000 000 K 的量级。日食期间，日冕展现的类似光球层的 5 800 K 光谱是由于极其明亮的光球发射的光子在日冕中的电子上散射而产生的，这在发射线周围的波长上形成了强烈的背景光；加之由于电子的快速运动，夫琅禾费吸收线被多普勒频移效应消弭，使人们误以为日冕的温度等同于光球温度。

日冕是如此的热，以至于它发射的大部分光波长都非常短，位于电磁光谱极紫外和软 X 射线波段。1960 年，NRL 的希尔伯特·弗里德曼（Herbert Friedman）第一次使用探空火箭得到了

图 65　这张照片展示的是在软 X 射线波段太阳日冕的高分辨率成像，取自 1991 年 7 月 11 日的探空火箭携带的正入射式 X 射线望远镜。最右边可以看到来自月亮的新月形的遮挡，恰在此时，夏威夷可以观测到日全食。

太阳的 X 射线图像，展示出明亮、炽热的日冕活跃区。当时的成像仪还是一种相当粗糙的针孔相机，但在随后的几十年里，X 射线聚焦成像的技术发展迅速，探空火箭在这一过程中起到重要作用。图 65 展示了探空火箭可以获得多么高质量的数据。这张照片是在 1991 年 7 月 11 日拍摄

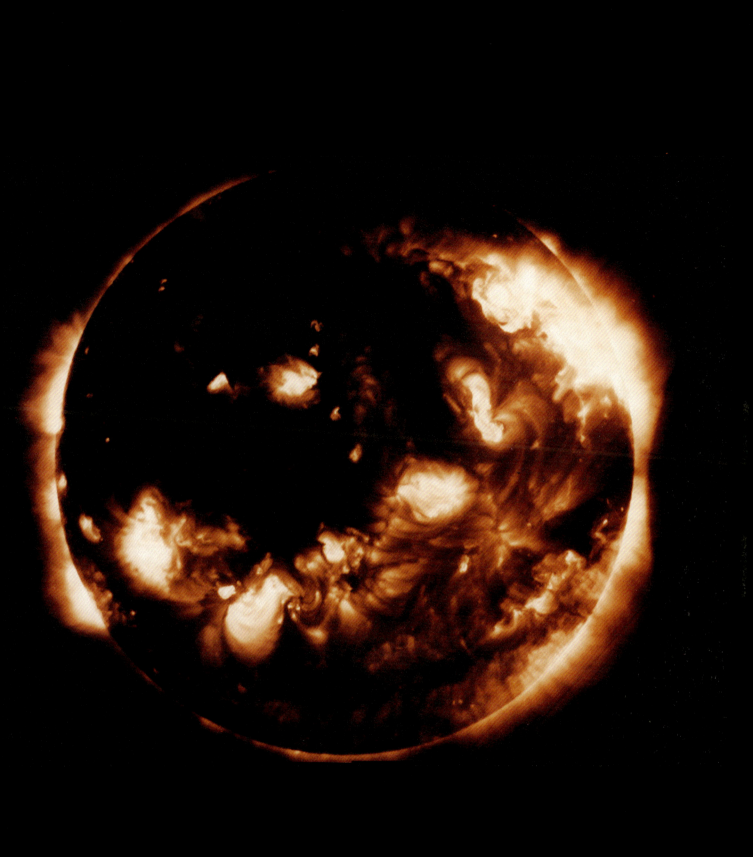

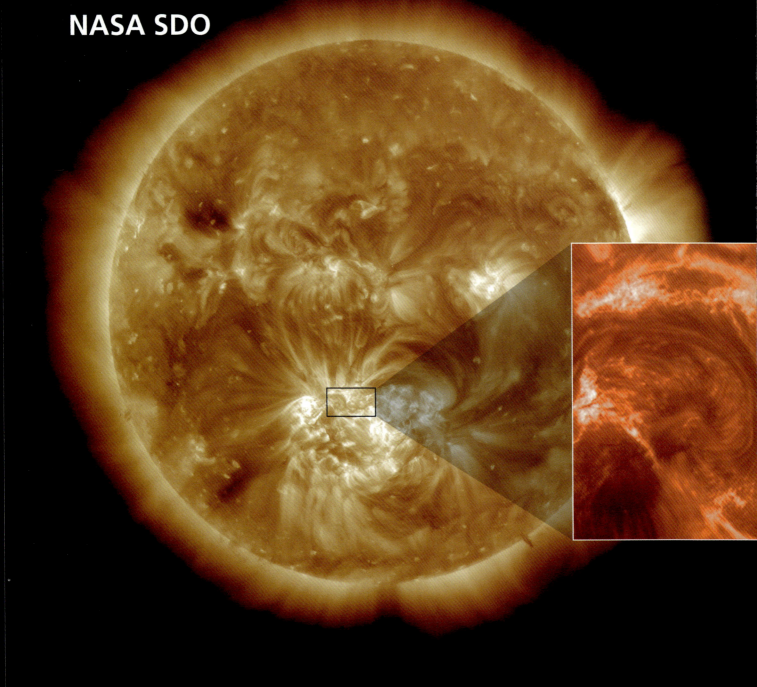

NASA SDO

图 66　探空火箭发射的高分辨率日冕成像仪（Hi-C）的
图像与 NASA 太阳大气动力学天文台图像的比较。两个图
像是在相同的时间、相同的波段进行观测得到的，相比之
下，Hi-C 分辨率更高。

Hi-C

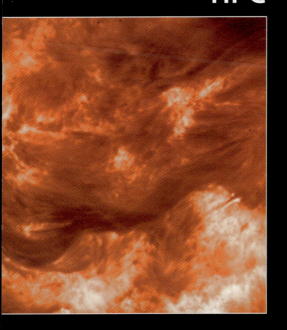

的，当时一场日全食正在其他地方发生。巧合的是，这次日全食刚好可以被夏威夷的加法夏望远镜（Canada-France-Hawaii Telescope）直接观测到。而通过精心的策划，就在加法夏望远镜观测到全食的那一瞬间，一枚从新墨西哥州白沙导弹靶场发射的探空火箭也对太阳进行了观测。这张照片的产生，得益于正入射式 X 射线望远镜（Normal Incidence X-ray Telescope，NIXT）镜面上一种特殊镀膜的使用，这种镀膜使其可以在软 X 射线波段进行反射，使得高温日冕的图像和较暗的月轮接近并遮挡一部分日冕的景象可以被同时记录下来。

2012 年 7 月 11 日，也就是在上面所提照片拍摄了整整 21 年后，由采用了相同类型反射涂层的"高分辨率日冕成像仪"（Hi-C）得到了一个更令人印象深刻的火箭观测图像。图 66 展示了美国国家航空航天局的太阳动力学天文台（SDO）在波长 19.5nm（极紫外）取得的日冕图像（和 20 年前的 NIXT 望远镜具有几乎完全相同的分辨率）和 Hi-C 成像的对比，后者的分辨率是前者的 5 倍。此类数据，加上从新型摄谱仪获得的数据以及从紫外到硬 X 射线各个波段的图像，均已被证实为太阳研究的主要内容。因为探空火箭能以速度快、成本低的方式将仪器送入太空，它们不仅成为太阳研究领域的重要工具，也被所有依赖对热磁等离子体研究的天体物理学领域所器重。

卫星

历史在1957年10月4日这一天取得了突破。当时，苏联发射了世界上第一颗人造卫星（Sputnik I，人造卫星一号），标志着太空时代的开始，同时掀起了美苏太空竞赛。在隐姓埋名的谢尔盖·科罗廖夫（Sergei Korolev）的带领下，苏联人发射了一个重达83千克的抛光金属球（在日落和日出时过境的话可以用肉眼看见），它持续发出"哔哔"的无线电信号，可由业余无线电接收机检测到。而美国则开展了"海军先锋计划"（Navy Vanguard），他们用了几年的时间，将一颗人造卫星送入轨道。"先锋"试图将1.6千

克的有效载荷发射入轨，但这些在电视上进行直播的火箭发射总是在点火几秒钟之后爆炸。更引人注目的是苏联"人造卫星二号"（Sputnik II）的发射升空，它有更重的有效载荷，还带了一只名叫莱卡的狗作为太空乘客。

苏联发射人造卫星使美国感到恐慌，于是美国更加努力尝试发射卫星。此后，沃纳·冯·布劳恩（Wevnher von Braun）和他的木星C火箭（Jupiter-C）成了美方的主力。1958年1月31日，美国发射了探险者一号（Explorer I），之后又发射了一系列轻量化、有科学应用价值的卫星。这些实验以及苏联的一系列相似的实验做出了不少科学发现，包括发现了地球周围的范艾伦辐射带

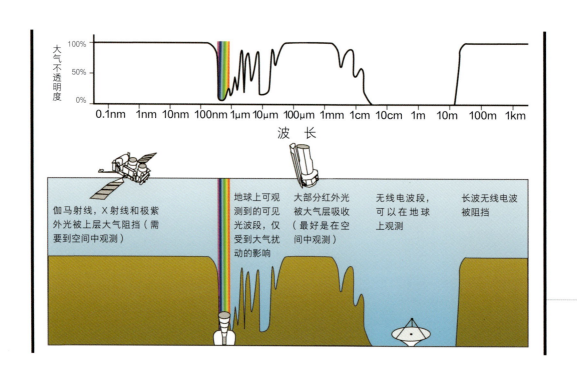

（Van Allen Radiation Belts），并对其进行了研究——它是充斥着地球磁场俘获的高能带电粒子延展的环状区域。1958 年 10 月 1 日，美国国家航空航天局成立，使得教育经费，特别是数学和科学领域的经费急剧增加。

所有这些活动都为科学研究带来了极大的好处，特别是通过非军方机构美国国家航空航天局开展的活动。一个强有力的小型卫星发射计划开始了，这些小型卫星不仅在地球轨道运行，而且在 20 世纪 60 年代访问了月球和金星。由于这个计划，对"宇宙线"这种高能粒子和"太阳风"这种较低能粒子开展的研究受益颇多。另外，1962 年和 1971 年之间，一组名为"太阳轨道观测台"（Orbiting Solar Observatory，OSO）的八个小卫星被依次发射，它们被用于研究紫外和 X 射线波段的太阳。[19] 在阿波罗登月计划终止后，剩余的一枚土星五号火箭被用于发射美国第一个空间站"天空实验室"（Skylab），后来有三批宇航员搭乘土星 IBs 运载火箭造访了空间站。原本用于安放阿波罗登月舱的地方，被换成了一个名为阿波罗望远镜装置（Apollo Telescope Mount，ATM）的太阳望远镜，天空实验室的宇航员将其安装到位并使用它进行了观测，后来宇航员取出巨大的胶卷盒，将其运回地面，交给了等待着的科学家（ATM 现在陈列在华盛顿史密森学会的美国国家航空航天博物馆供公众参观）。

我们称之为可见光的电磁频谱，其波长只占光谱的一小部分，如图 67 所示。这幅图上垂直的彩虹带显示了可见的颜色，左边是波长较短的紫外光区，右边是波长较长的红外光区和无线电部分。图中波浪形的黑线表示地球大气层对各个波长的不透明度，即该波长在到达地面之前被吸收了多少。百分之百意味着大气在那个波长是完全不透明的，即该波长辐射都被吸收了，没有一点到达地面。可见光是少数可通过大气层的电磁波波段之一。[20] 紫外线在大气中被大量吸收，这对我们来说是幸运的，因为它们对我们的身体有害；但对天文学观测来说是不幸的，因为它意味着我们需要把探测装置置于大气层之上。红外线在几个很窄的波长窗口可以部分透过，因此可以从位于高山之巅的天文台、高空气球或改造后的飞机上看到，而宽广的无线电波段可以在地面检测到。除了这些特殊的情况外，探测其他波长的电磁波都需要我们把探测器置于大气层之上。[21]

图 67　地球大气阻碍了除可见光和部分射电波段以外的大部分电磁波。一些狭窄的窗口可以让可见光、红外线和无线电波通过大气传输到地面。

从可见光到紫外光（UV），再到极紫外（EUV）和X射线，随着使用透过波长越来越短的滤镜，我们拍摄到的图像也展示出太阳大气越来越热的部分（图 68）。起初我们在可见光看到太阳黑子，或者用第一章所描述的方法来测量太阳可见光表面的磁场。在蓝光的波长上，我们看到的日表略高于光球层，这被称为"温度极小区"，顾名思义，温度低于大部分的光球区域，也低于大部分的色球区域。在更高温度下谈论大气的"层"并没有什么意义，正如我们在前几章看到的，色球层是高度结构化的，由尖尖的竖直针状体、冕环和其他的三维结构组成。这同样适用于更短的波长，在那些波段，环形的等离子体结构占主导地位，它们被穿透大气的磁场所制约和形塑。在这一段，我们始终使用着海尔的方法——选择特定谱线附近的窄窗口，这样我们就可以得到那些产生该波长辐射的特定区域的图像。在极紫外波段，对应的区域温度高达几百万开。

尽管经过 70 多年的努力，目前还没有形成一个被广泛接受的解释日冕如何被加热到如此高温的理论，但有一个主要的事实是清楚的：从太阳内部冒出来的磁场最强的部分对应着日冕中最热最亮的部分。在可见光波段观测时，我们看到黑子出现在强磁场穿过表面的位置（见第一章）。但是，如果我们挡住可见光，观察极紫外和X射线波段的成像，就会看到太阳黑子上方的大气充满了与磁场明显相关的复杂结构，而这些结构非常热，以至于它们发出的光波长更短。现在有了现代地面仪器和空间望远镜，我们可以清楚地看到这些现象之间的联系。

图 68　太阳的大气层不仅在空间上，而且在温度上都是高度结构化的：对应着不同温度的各个波长也对应着太阳大气的不同部分。为此，NASA 的 SDO 包含针对不同波段的望远镜，这样它们就可以共同形成一幅完整的大气图像。

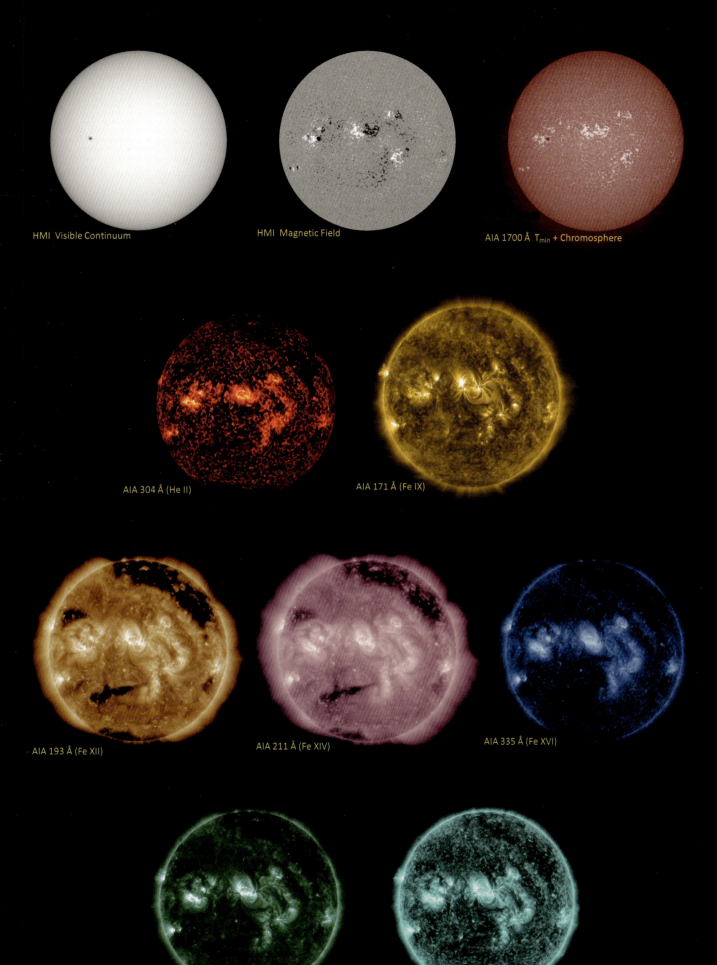

HMI Visible Continuum

HMI Magnetic Field

AIA 1700 Å T_{min} + Chromosphere

AIA 304 Å (He II)

AIA 171 Å (Fe IX)

AIA 193 Å (Fe XII)

AIA 211 Å (Fe XIV)

AIA 335 Å (Fe XVI)

AIA 94 Å (Fe XVIII)

AIA 131 Å (Fe VIII + Fe XXI)

图 69 显示了太阳表面测得的磁场和极紫外影像中看到的日冕结构之间的比较。最左面一栏显示了磁图的一部分，黑色和白色的斑块分别显示磁场浮出太阳表面又重新进入太阳表面的地方。在此图像中央有一大块黑斑，其中包含一块圆形区域，是一个大黑子所在的位置。在黑斑的左上方，有一个磁场极性相反的区域（白色）。在黑斑的右边，有另一个以白色标志的区域，这种复杂性使得这个活动区容易产生太阳耀斑。在右边更远处，我们看到另一个双极的黑一白区域。这是一个更老的、磁场不太集中的区域，这个区域相对不那么活跃。

我们还没有可靠的日冕磁场测量方法，但是可以通过表面磁场测值来推断出表面上方的场结构。有许多不同的方法可以进行这种外推，其中最简单的方法如图 69 的中间图所示。我们看到从太阳黑子发出喷流状磁场，这意味着强磁场从黑暗的本影向四面八方延伸。我们进一步发现，黑子是通过环状磁场与黑子左边的白色极性区域联系在一起的。这与我们所理解的

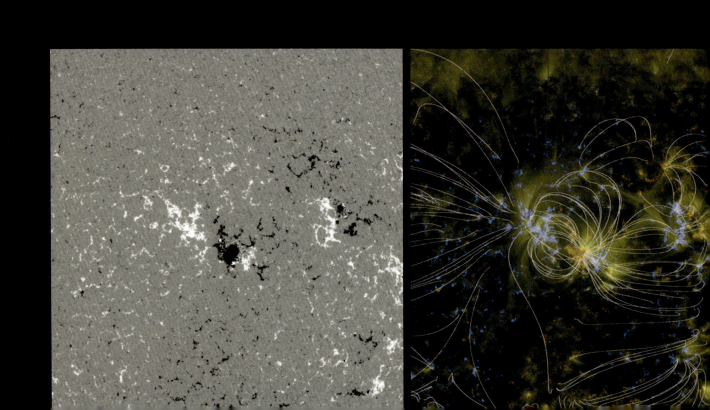

如下物理图景相一致：水平磁场从太阳内部浮现，磁场在 ω 形磁场束的一端出现，并在另一端返回太阳表面。我们还看到，这个区域已经与右侧的较老区域发展出联系，有磁环连接着这两个区域。

仔细观察该图最右一栏展示的极紫外图像，我们看到热日冕等离子体，它显示了磁场的轮廓，因为它被限制在磁场方向上，它表现出的连通性与通过磁场外推预测的极性相反区域之间的连通性一致。

就其对地球和其他太阳系天体的影响而言，我们特别感兴趣的一个情况是，在磁场区域演化过程中，储存在日冕中的能量的突然释放。这种能量释放产生的结果之一是太阳耀斑，如图 70 的活动区中小而强的亮点所示 [一个相关的现象，即日冕物质抛射（Coronal Mass Ejections，CME），将在下一章讨论]。在一个耀斑中，日冕的局部区域突然迅速地变亮、变热，温度达到了数百万度，并且在 X 射线波段亮度超过了整个太阳。

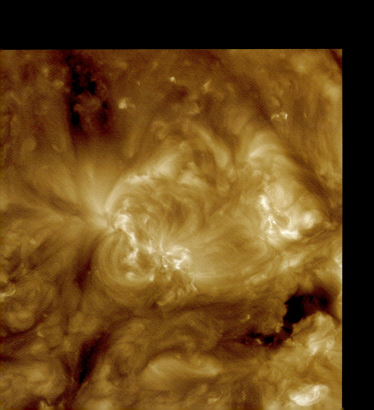

X 级耀斑

图 69　此图拍摄于 2015 年 8 月 4 日，显示了在太阳表面的强磁场和表面上方发射 X 射线的热等离子体之间的密切联系。三个图分别展示了黑子附近的太阳表面磁场、计算得到的太阳表面以上的磁场和观测到的日冕结构。

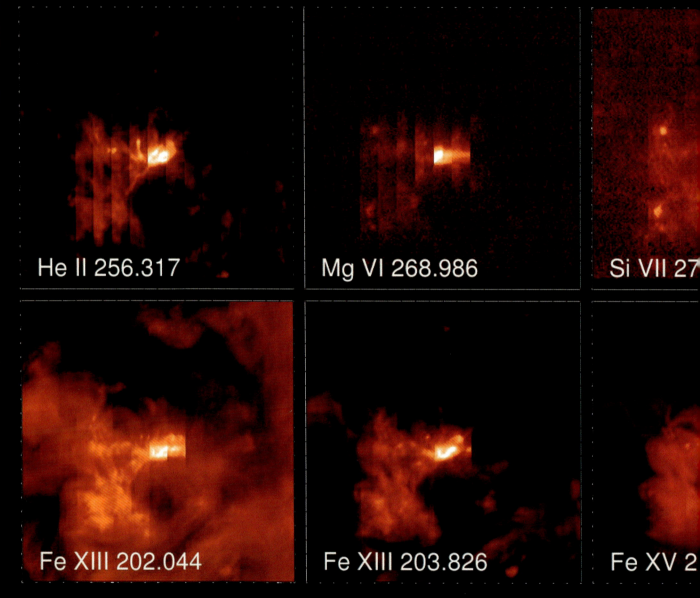

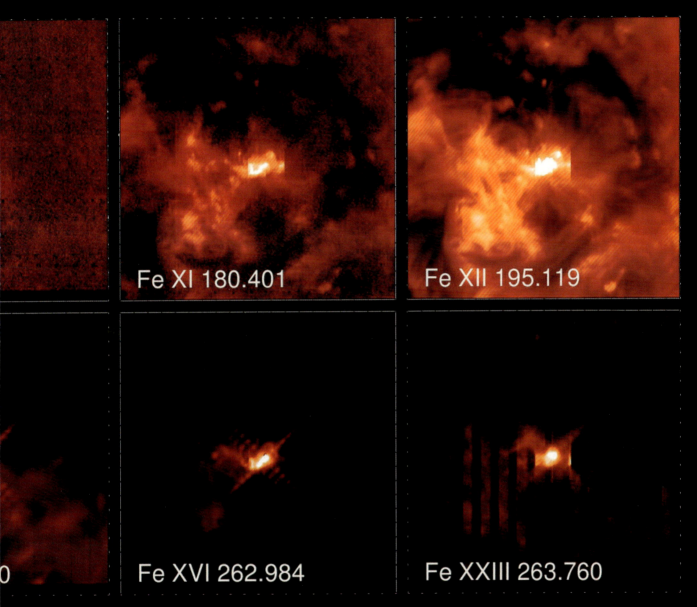

Fe XII 195.119

Fe XVI 262.984

Fe XXIII 263.760

一个 X 级耀斑

图70　这一系列图片是日出卫星的极紫外成像光谱仪（EIS）拍摄的，按照温度从低到高排列。上面一行的左侧展示了大气中相对低温部分的物质，温度大约 70 000 K，在右下角的图像的核心部分，温度上升到 15 000 000 K 以上。每个图像显示耀斑的很小一部分，合起来可以组成一个三维图像。

空间观测使得我们看到，即使在没有明显耀斑的情况下，活动区内和周围的日冕也包含具有耀斑温度的高温物质。美国国家航空航天局的核分光望远镜阵列（NuSTAR）被设计用于聚焦和探测高能 X 射线，以研究宇宙中黑洞和相对论性喷流等奇异天体，它也被用来观测来自太阳的高能 X 射线。图 71 显示了一幅由美国国家航空航天局、加州理工学院的 NuSTAR 卫星拍摄的图像，其上还叠加了一张日出卫星所携带的 X 射线望远镜（XRT）拍摄的低能段影像（约 1 000 电子伏，即约 10 000 000 度）。在 XRT 影像的活跃区域内外的蓝光显示了 2 000 ～ 6 000 电子伏 X 射线的存在，表明这里存在能产生类似耀斑的高温等离子体的物理过程。目前，这仍是一种相当神秘、没有得到解释的现象。

图 71　这张图像是 X 射线波段的成像，包含美国国家航空航天局的核分光望远镜阵列的数据。图中蓝色表示 NuSTAR 观测到的高能 X 射线暴，绿色表示来自日出卫星的 X 射线望远镜观测到的低能 X 射线暴。NuSTAR 的数据展示的 X 射线暴的能量在 2 000 ～ 6 000 电子伏之间，日出号数据的能量在 0.2 ～ 2 400 电子伏；还有 SDO 利用大气成像仪得到的数据，显示的是极紫外波段影像，波长范围在 171 埃～ 193 埃。

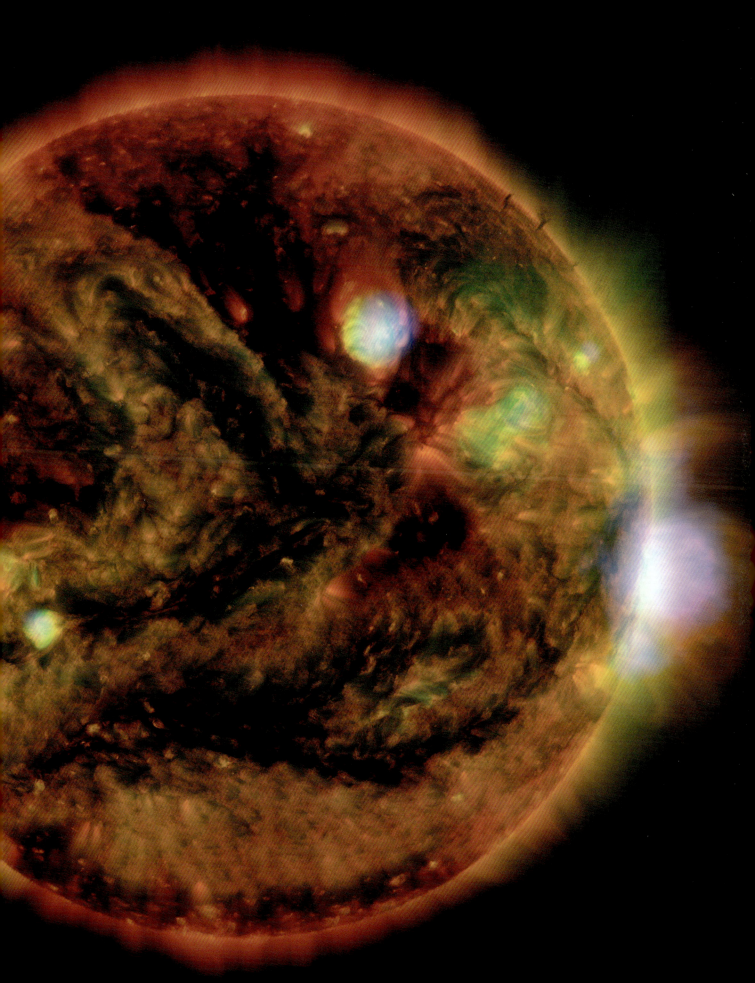

为了研究日冕中能量储存和释放的方式，我们需要观察磁场和与它们相互纠缠的热等离子体的长期演化过程。得益于卫星在太空中可以近乎连续地观测太阳，我们现在能够在几个月甚至更长的时间内跟踪日冕的演化。图72显示了9个太阳自转周期，从左到右、从上到下排列，每两帧之间相隔27天，以便在每个图像中都让太阳的同一面朝向我们。如第二章形容的那样（图15），因为太阳的赤道转动速度比两极更快，赤道附近的特征在27天后再次出现在同一地方，但高纬度地区的特征逐渐转到背侧。这种较差自转产生横向的 V 形图案，赤道在 V 的顶点处。我们也可以看到蔓延的日冕结构穿越太阳表面，它们刚形成时亮而致密，但随着它们的折点也就是锚定在太阳表面的磁场根部被表面对流推开、在表面扩散，它们变得越来越暗、越来越弥散。较差自转和湍流扩散这两种现象是我们在第三章讨论的巴布科克—莱顿发电机模型的核心元素，该模型现在已经被证明是具有预见能力的，并且很大程度上是准确的。

图72 在这一系列极紫外图像中展示了9个太阳自转周期间日冕的大尺度演化。它们展示了太阳表面的同一部分在数个月之间的变化，从左到右、从上往下依次排列。太阳的较差自转会对太阳可见表面之上的大气也就是日冕造成影响，这种影响可以在这一花费了八个月时间拍摄的系列图像中看到。太阳赤道相对于其两极旋转速度更快，将结构拉长成 V 形，因为中纬度的特征正在被迅速地拉到前面，从而使高纬度的特征滞后。

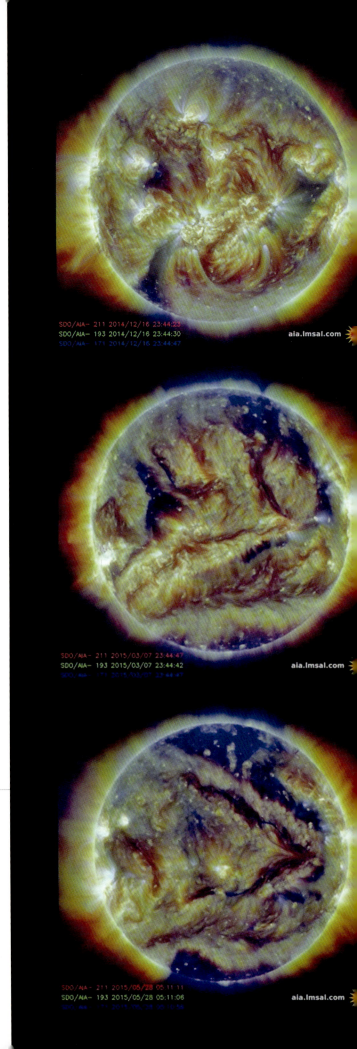

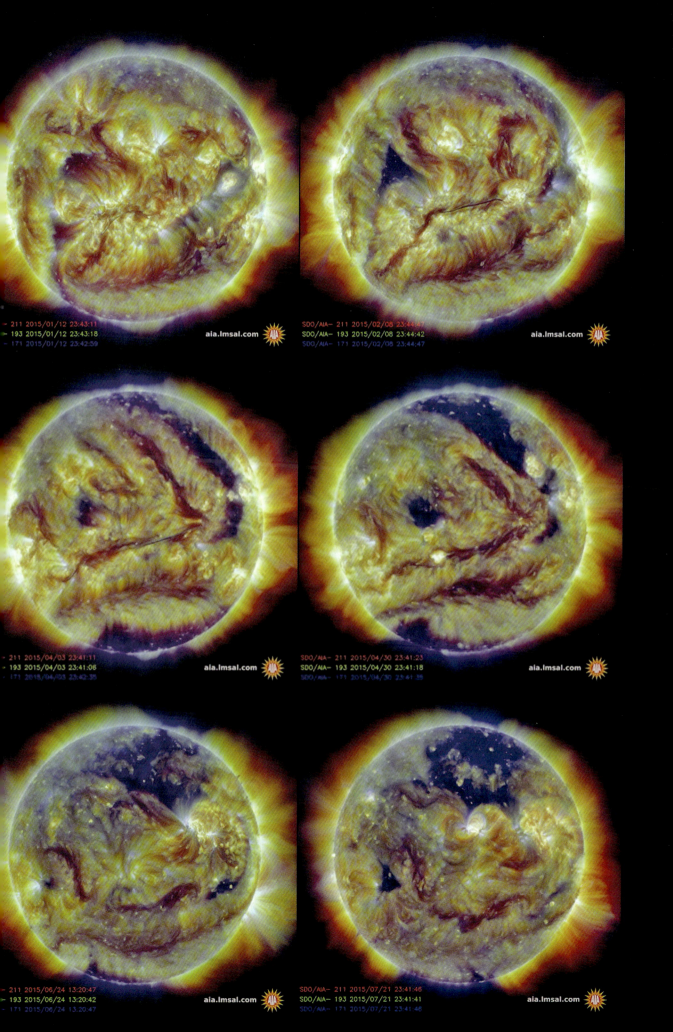

美国国家航空航天局向太阳发射人类首枚探测器——
帕克太阳探测器（Parker Solar Probe），这一被称
为"触碰太阳"雄伟计划的主要目的是研究太阳风。

STORMS FROM THE SUN: A DISCUSSION MOSTLY ABOUT PARTICLES AND FIELDS

太阳风暴：一场关于粒子和场的讨论

人类为了理解太阳活动及其对地球的影响，至少花了两个世纪的时间。这其中涉及各个国家的科学家、哲学家、数学家、发明家，甚至是军事力量。要弄清楚太阳活动及其对地球的影响，需要将罗盘指针、极光、太阳黑子、神秘的 M 区以及彗星尾部的运动轨迹联系起来进行研究。不过，这些活动之间是否真的存在联系，在全世界一些最伟大的科学家之间产生了分歧和争论，使得探索进程充满了挫折。最终，行星际空间的直接观测，证明这些看起来并不存在的联系实际上是存在的。表 1 展示了历史上对这些活动研究的主要进展。

早在 1515 年，托马斯·莫尔（Thomas More）就预言了依靠新技术会带来一些危险。他这样描述一个岛上的原住民从欧洲海员那里得到了一个磁罗盘之后发生的事情：

在得到磁罗盘以前，他们小心谨慎地航行，并且只在夏天航行。但得到罗盘后，每个季节都可以航行。他们完全相信，磁石使他们更安全。

这张照片显示了太阳的冠状环，由美国国家航空航天局太阳过渡区与日冕探测器（Transition Region and Coronal Explorer，TRACE）上的特殊仪器拍摄。

实际上磁针用起来很微妙。我们在前面讨论了磁北极和地理北极的差别：地球的磁北极并不在由地球旋转轴确定的北极的同一位置。因此，做一张图显示这两个位置在地球表面上的不同（也就是磁偏角）是必要的。制作这样的图，再加上关于水深、暗礁和土地位置的图表，对于航海是足够了。但是，磁北极的位置在很短的时间尺度上有明显的移动。在地球表面不同的位置，磁偏角的变化率有显著不同。因此，如果需要准确的导航，磁偏角的图就需要经常更新。更糟的是，人们发现磁针每天都有变化，白天太阳出来的时候，磁针轻轻地移动；晚上，磁针又移回原来的位置。比这些还糟糕的是，在某些日子，磁针会摇摆不定，对于航行来说这是无法使用的，因为它会疯狂地前后摇摆。

磁北极的快速移动以及磁罗盘指针的复杂运动只是困难的开始。当最简单的地球磁场模型失败时，不得不引入复杂的地球磁场模型。正如吉尔伯特的简单双极模型不能很好地工作时，哈雷就引入了更复杂的模型。看起来不同现象似是而非的相互关联，例如极光和太阳黑子，导致了统计分析方法的争论以及在统计上评价随机事件相关性的新方法的发展。因为在太阳和地球之间没有看得见的物质联系，所以关于太阳是否能够产生以及怎样产生地球上的相应效应，引起了激烈的争论。在研究这个问题时，人们建造了新的仪器，发展了新的理论。事实上，每一种被视作"科学方法"的领域都加入到了这场争论中。

1724 年	钟表制造商乔治·格雷厄姆（George Graham）发明了一个灵敏的磁针，能够探测地球磁场轻微的改变，发现了地磁场每天的变化。
1741 年	安德斯·摄尔西乌斯（Anders Celsius）和他的学生奥洛夫·约尔特（O. P. Hiorter）发现极光产生时，地磁场会有变化；摄尔西乌斯和格雷厄姆在一起工作，发现磁场的变化不只存在于一个地方，而是广泛存在的。
1843 年	海因里希·施瓦贝发表了太阳黑子记录，表明太阳黑子数以大约10年的周期，有规律地增加或减少。
1851 年	亚历山大·冯·洪堡在他的专著《宇宙》（Kosmos）中发表了施瓦贝的数据。
1852 年	爱德华·萨拜因（Edward Sabine）发现了太阳活动周期与磁扰动率及磁扰动尺度的相关性。
1859 年	理查德·卡林顿（Richard Carrington）观测到一个白光耀斑，并注意到接下来一段时间发生的地磁扰动和极光。

1878 年	鲍尔弗·斯图尔特（Balfour Stewart）提出，罗盘指针每天的变化是由高层大气（电离层）的电流产生引起的。
1892 年	海尔发明了光谱日像仪，拍摄到太阳上一个耀斑的增亮。威廉·埃利斯（William Ellis）展示了地磁变化和太阳活动周期的统计相关性。
1898 年	埃利斯展示了在 5 个太阳活动周期中，太阳黑子数、每天磁场变化强度和磁暴的频率存在很强的相关性。
1904 年	沃尔特·蒙德（Walter Maunder）证明地磁暴有 27 天的周期；他还指出安妮·蒙德（Annie Maunder）于 1898 年拍摄的日食照片有日冕"射线"。
1905 年	沃尔特·蒙德提交了另外一个皇家天文学会报告，在报告中，约瑟夫·拉莫尔（Joseph Larmor）提出电子束是从太阳到地球扰动的载体。
1908 年	克里斯蒂安·伯克兰（Kristian Birkeland）提出了太阳电流（现在称作极光电急流），可以由"阴极射线"感应到。悉尼·查普曼（Sydney Chapman）嘲笑了这个说法。 海尔证明太阳黑子存在磁场。
1919 年	查普曼认为每天的地磁变化由太阳紫外线辐射引起。
1929 年	W. M. H. 格里夫斯（W. M. H. Greaves）和 H. W. 牛顿（H. W. Newton）表明，大的地磁暴与太阳黑子相关，然而，小的地磁暴存在 27 天的周期性，与太阳黑子无关。
1932 年	朱莉安·巴特尔斯（Julian Bartels）分析了 27 天重复发生的地磁暴，表明缺少与太阳黑子的相关性，将太阳源区称为"M 区"。
1933 年	查普曼和费拉罗提出了磁暴的"磁云"（magnetic cloud）模型，包括围绕地球的"查普曼—费拉罗"空洞（Chapman - Ferarro cavity），也就是磁层。
1951 年	路德维格·比尔曼（Ludwig Biermann）分析了彗尾，提出太阳上发射粒子流，用以解释为什么彗尾总是在远离太阳的一边。
1958 年	尤恩·帕克指出日冕的高温将会导致超声速太阳风的连续扩散，被查普曼嘲笑。
1962 年	行星际航天器露娜I-3 号（Lunik I-3）和水手 2 号（Mariner II）探测到了超声速太阳风。
1973 年	冕洞被辨认为重复发生的高速流的来源。 "日冕瞬变"现象很快被重命名为"日冕物质抛射"，并被认为是磁云和地磁暴的来源。

磁暴

19 世纪上半叶，全世界最著名、最受欢迎的科学家是亚历山大·冯·洪堡。他精力旺盛地探索研究了许多课题。他提出了生态系统的概念，用一些方法探索了自然世界的复杂性，这些方法后来激起了达尔文的兴趣。洪堡众多兴趣中的一个是研究地球磁场及其变化。在 1799 年去南美洲的航行中，洪堡携带了灵敏的磁仪器。到 1804 年回柏林时，他已经获得了成千上万组数据。到柏林之后，洪堡继续观测磁场。在注意到极光和磁针扰动有相关性后，洪堡将这种现象命名为"磁暴"（magnetic storm），直到今天我们还在用这个名称。1807 年，他移居巴黎，并且在接下来的 20 年将他的研究成果著作成书。

洪堡从磁暴的特征能量和深度这两方面来研究磁暴问题，并得到了一些著名科学家的帮助。例如，卡尔·弗里德里希·高斯（Carl Friedrich Gauss）和威尔海姆·韦伯（Wilhelm Weber）与他合作，试图了解地球磁场的本质、起源以及地磁场的扰动。洪堡说服普鲁士宫廷资助建立从欧洲到俄罗斯的地磁观测站网络。为了进一步拓展网络，他偷偷地和他的英国伙伴爱德华·萨拜因合作，在大英帝国设置地磁台站。

洪堡持续观测了几十年，拥有来自全世界的数据，同时，萨拜因也试图从图表的变化中找到一些规律。最后，1850 年，洪堡发表了他的巨著《宇宙》，其中包括施瓦贝对太阳黑子周期发现的描述。萨拜因检测了太阳黑子数据 [他的妻子伊丽莎白·莱韦斯（Elizabeth Leeves）翻译了《宇宙》之后，引起了他的注意] 并发现了两个主要的相关性：太阳黑子数和他的磁暴表格完美地一致；在每一个太阳黑子周期，罗盘指针每天变化的强度与平均太阳黑子数一致。此后，关于太阳活动和地球扰动相关可能性以及这种相关性的本质，人们开始了长达一个世纪的讨论。

1859 年，在理查德·卡林顿记录太阳黑子时，恰好一个很稀有的白光耀斑发生。如果不用特殊的窄带滤光器，只有白光中才能探测到最大、最强的太阳耀斑。因此，这个事件很特殊，并且伴随着地球的扰动，这在本章后文中将会讨论。基尤天文台（Kew Observatory）是萨拜因建立的磁观测网络的一部分。卡林顿检查了基尤天文台的磁记录后发现，耀斑期间，地磁场存在短期的扰动，并在 18 小时以后发生了一个大的、长时间的磁暴，表明这两个不同的地磁现象与发生的耀斑有关：其中一个大约以光速传播（光从太阳到地球大约 8 分钟）；另一个以非常慢的速度，仅仅 240 万千米 / 小时的速度传播。这个事件为揭开太阳活动和地球扰动之谜提供了一定的线索。

即刻和延时效应的问题，仅仅导致了疑惑。在卡林顿事件中，太阳活动和地球磁场扰动的相关性被怀疑不仅仅是一种巧合，而是有内在本质的联系，这本身就是一种进步。太阳黑子数和磁暴相关性的统计工作还在继续。1880年，威廉·埃利斯发表了一篇论文，证实了萨拜因和其他人的早期研究，即罗盘指针每天的变化尺度和平均太阳黑子数有相关性。1892年，他发表了另外一篇论文，表明世界范围地磁暴的触发几乎是同时的——在几秒内所有的地方同时发生，根据观测结果，他认为是一些外部的力量到达地球，引起磁暴。

1892年，在寻找太阳是怎样影响地球的这条路上，研究者遇到了很大的挫折。在这一年，时任英国皇家学会主席的开尔文勋爵（Lord Kelvin）向皇家学会提交了一个报告。在这个报告中，他提出了一个模型，假定太阳是一个磁铁，其中太阳的全部"磁"突然改变强度。通过计算，他发现需要4个月的太阳能量的输出才能在地球上产生持续8个小时的磁效应。由此，他得出卡林顿观测到的相关性"仅仅是一个巧合"的结论。然而正如后文所证明的，他的计算是有问题的，他对这个现象用了错误的模型。

1898年在历史上是一个非常普通的年份。这一年，布鲁克林合并到了纽约，产生了今天的五个区；夏威夷合并到了美国；在美西战争以后，美国得到了波多黎各、关岛和菲律宾。这些事情只是值得美国人关注罢了。然而，在日地物理研究的小王国里，却产生了很大的进展，威廉·埃利斯和一对夫妻——沃尔特·蒙德和安妮·蒙德做出了很大贡献。

沃尔特·蒙德出身于贫寒家庭，大学就读于伦敦国王学院，为了支付学费，沃尔特在银行打工。但是，他没有完成他的学业，也没有拿到学位。得益于一项公务员制度改革，他在1873年通过考试获得了格林尼治天文台助手的工作。由于皇家天文学家乔治·比德尔·艾里在政治斗争中获胜，常规的太阳观测工作不再在基尤天文台进行了，而是移到格林尼治天文台，因此需要增加人手去做这项工作。沃尔特的工作是通过观测得到每天太阳与太阳黑子的图像和光谱。1881年艾里退休后，他的助手威廉·克里斯蒂（William Christie）成了新的皇家天文学家，沃尔特的职位得到提升。克里斯蒂提升了太阳观测在天文台任务序列中的重要性，并委任沃尔特为太阳观测部门的领导。在1891年，他得到了雇用一个观测助手的经费。沃尔特一直认为女性在科学研究中应该有一定的位置。在他的这种信仰的支持下，他雇用了一个年轻的爱尔兰数学家安妮·斯科特·迪尔·罗素（Annie Scott Dill

绚丽的北极光。

Russell，也就是安妮·蒙德）——剑桥大学格顿学院的研究生，这是英国皇家天文台第一次雇用女性。

安妮开始时只是一个计算员，但是后来证明，她是一个称职的天文学家。她承担了大量数据收集和记录的工作，在剑桥学院的支持下，她还发明了宽视场相机。沃尔特和安妮在 1895 年结婚——意味着安妮必须辞去工作。因为在天文台，已婚女性是不被允许工作的，英国所有的政府部门都是这样。但是他们继续一起工作，并决定将安妮的相机用到 1898 年 1 月 22 日印度发生的日食观测中。虽然在太阳活动周期的晚期，活动水平比峰值相对减少，但是，在日食观测时，日冕格外地亮。相机捕捉到了壮观的景象——日面上发出很多向外延伸的冕流，探测到的最长太阳冕流距离日面边缘 6 000 000 英里（约合 966 万千米）。沃尔特敏锐地觉察到他们可能发现了足以反对开尔文勋爵观点的证据。太阳并不像开尔文勋爵假定的那样，在所有方向均匀地产生磁效应，也许磁效应是通过某种窄的能量束传输的。这个发现会在开尔文勋爵的计算中产生很大的影响，它会减少所需要的全部能量。这个发现也可以解释，为什么一些太阳活动能引起地球扰动，而另一些则不能引起扰动，这取决于这些能量束是朝着地球方向还是背向地球。

沃尔特在 1898 年日食时记录的冕流并没有产生对应的地磁暴，但是这一事实使沃尔特更接近了具有说服力的观点。八年后，他终于在这个问题上有了突破。与此同时，威廉·埃利斯在他以前的关于太阳黑子和地磁暴统计工作的基础上继续工作（由于开尔文勋爵的强烈反对，这项工作曾被搁置）。在此前工作的基础上，埃利斯将其数据的采集范围拓展到从 1841 年到 1896 年，覆盖五个太阳活动周期。结果是显而易见的：在太阳活动周期间的平均太阳黑子数和每天地磁变化的强度之间耦合得很好。虽然相关性非常清楚，埃利斯用了那时非常普遍的一个理论得出结论：某种不知道的第三方原因同时影响了太阳和地球。

1904 年，沃尔特准备将他的分析提交到皇家天文学会之前，蒙德夫妇利用"周期性图表"的分析（在时间序列数据中发现重复频率的现代技术的早期版本，很大程度上依赖统计相关性）发现一个显著的趋势：在一个大的地磁暴发生了 27 天后，往往会发生另外一个磁暴，这个延迟的时间可以和太阳活动区经度的旋转周期联系起来。他在向皇家天文学会提交的报告中，除了提到上述发现，还包括了安妮·蒙德于 1898 年拍摄的照片，也提到了瑞典科学家斯万特·阿雷纽斯（Svante Arrhenius）关于太阳上可能发出带电粒子的观点。他的这个报告引起了强烈的反响。与会人员讨论了很长一段时间，并于 1905 年达成了重新展开这个课题研究的协议。

1905 年，皇家天文学会内部的讨论非常激烈，人们不情愿地接受了地磁暴 27 天周期的事实，这些事件起源于太阳上非常窄的、确定的经度带。周期图表专家亚瑟·舒斯特（Arthur Schuster）最终承认蒙德的分析可能是正确的。久负盛名的物理学家"卢卡斯"教授约瑟夫·拉莫尔高调表示，该统计分析的确是正确的，他也引用了当时新出现的研究成果，即电子流能够从

一个地方携带电磁到另一个地方。

这个所谓的"微粒子"假说，被挪威科学家克里斯蒂安·伯克兰积极地追随。他在挪威建立了极光观测网，并且在极区发现了全球电流形式。他在空腔内做电子轰击磁球的实验，实验显示在电极附近产生光的环。他提出，这正像在地球上，带电粒子轰击到地球上时产生极光的现象。1908 年，他建议将大气层中现在称为磁层的一层和现在称为电离层的上层大气联系起来，他认为极光期间磁罗盘针的偏移是由于电流沿着磁场流动，他的这一观点在当时受到了嘲笑和轻蔑。直到 1967 年，卫星的发射证明了现在所谓"伯克兰电流"（Birkeland currents）的存在。汉内斯·阿尔芬是少数几个可以和伯克兰的观点相提并论的科学家，虽然他后来拿到了诺贝尔奖，但是他的研究也曾经遭到学界强烈质疑。[22]

渐渐地，地磁扰动分为复发、偶发两种类型这一事实越来越清晰。偶发的活动被发现主要和

图 73 日冕物质抛射从太阳表面喷射到行星际空间。

太阳黑子有关；而复发的活动被发现与太阳上不可辨认的 M 区有关，而 M 区与日冕低亮度区有关。现在我们有能力从空间观测太阳，并且可以在空间对太阳风做局地测量。[23] 太阳上的活动和地球扰动之间关系的谜团已经解决。两种扰动现象——偶发的和复发的——分别来自日冕物质抛射和冕洞。冕洞是高速太阳风的源，在太阳上日冕物质向外流出的特定区域，而且对行星际空间

开放，因此日冕物质可以逃离，离开具有密度、亮度都更低的日冕物质的区域。日冕物质抛射与太阳黑子区域有密切的关系，但一般只出现在黑子区全部浮现到太阳表面上，并且在表面扩散以后。日冕粒子的高密度聚集区称为暗条，那里物质粒子在磁场处富集，有时这些物质粒子和支持它们的磁场会被一同抛射到空间，形成日冕物质抛射（图 73 ）。

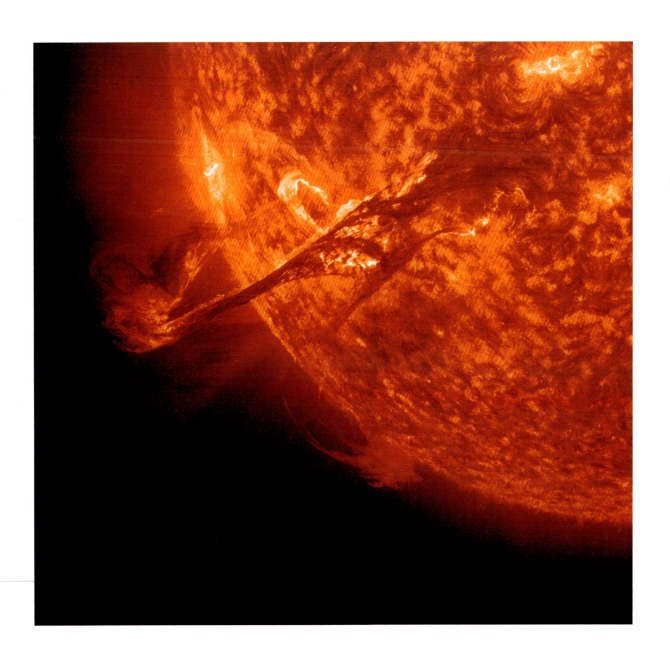

冕洞和太阳风

地面的观测暗示复发的地磁暴起源于日冕的低亮度区域，而究竟哪些结构应被视作其来源引起了激烈的争论。太阳黑子和复发地磁扰动具有一定的联系，然而，人们同时注意到，在两者之间并没有直接的时间相关性，这是一个谜。结果其实相当简单：冕洞是由大的太阳黑子区衰减得到的剩余磁场产生的。因此，它们存在于曾经是太阳黑子的区域，或者更准确地说，曾经是太阳黑子存在的区域，现在变成了冕洞。

如果将地面和空间的观测结合起来，会发现由于太阳黑子磁场区的面积增加和逐渐消失引起的强磁场区域的衰减，会伴随着冕洞的形成。很快就清楚的是，太阳大气大的开放区域形成时，太阳表面一块很大的面积由单一磁极性主导，例如活动区的后随极性在太阳表面扩散。当太阳表面很大面积的一大部分由同一极性主导，在这一部分表面上方所有的磁场将会竖起来指向同一个区域，也就是垂直于日表方向。如果没有日冕存在，磁场将会保持在太阳附近，这部分从太阳表面发射的磁场将会返回去，终结于太阳表面的另一区域。但是，本应被闭合的磁场保持在接近于表面处的日冕离子体，由于其高温，被从太阳表面推到外面，进而增加了磁场开放并指向行星际空间的趋势。最终，表面磁荷分布趋向于使磁场变得垂直这一因素，与日冕等离子体向上的压力作用在一起，引起磁力线的开放。这些开放的区域使日冕等离子体不再被磁场约束，而是可以自由地离开太阳，以太阳风高速流的形式向外面运动。流动的太阳风携带着磁场，二者一并形成了射流状结构（学名"盔状冕流"。——译者注），延伸到离太阳很远的距离。在这本书的最后，我们将会讨论它们将会运动多远，在哪里结束。

图 74 展示了表面磁场和冕洞存在关联的一个例子。在 2015 年 2 月 28 日这天，有一个大冕洞从太阳的南极区拓展到赤道，在日面上产生了一个不规则的四边形，正如图片上面一栏的太阳动力学天文台的大气成像仪（AIA）观测到的三色日冕图像所示。太阳动力学天文台的 HMI 仪器获取了一张同一时间观测的磁图，也显示了太阳表面的这一部分（图 74 下栏）。图中显示，在大尺度上，单一磁极性占据主导：那里以黑色显示的磁场极性占据主导，这些黑点散布在灰色的没有磁场的背景中。太阳上别的地方，例如上面亮的活动区，在赤道左边（东边），显示了太阳表面双极磁场，那里黑色和白色所对应的极性都有出现。

图 74　上面的图像展示了从太阳南极区拓展出来的大冕洞；下栏中，下面的图像是太阳动力学天文台的 HMI 仪器拍摄的磁图，表明冕洞区由单一磁极性占主导（图中黑色的部分）。

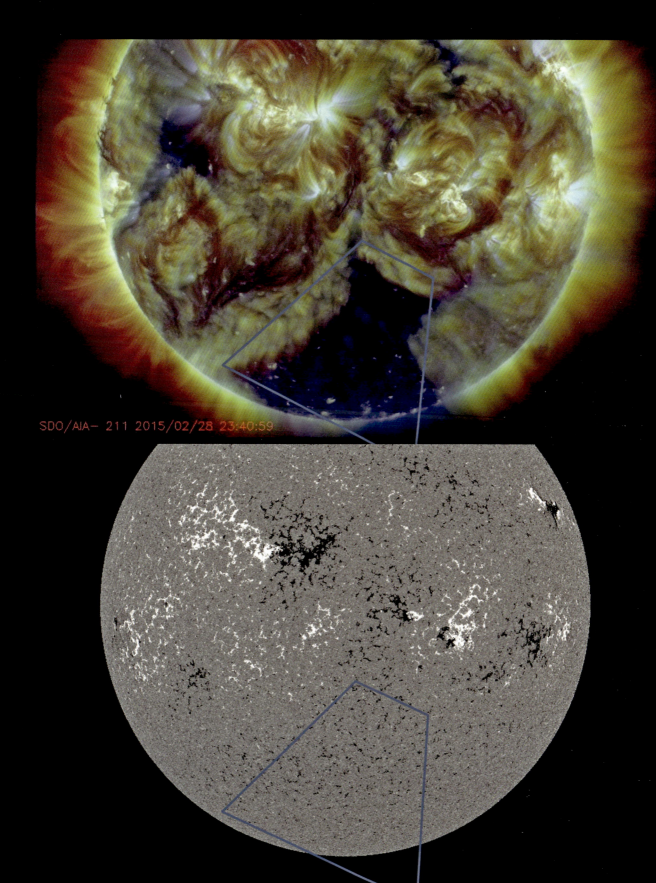

SDO/AIA- 211 2015/02/28 23:40:59

有一种方法可以看到在太阳表面双极磁区和大的单极磁区的区别，那就是用看得见的表面磁场外推计算表面上方的空间磁力线。在有强的双极磁场的表面上方的区域，我们发现日冕由闭合的结构组成，从太阳表面的一个位置出来，通过表面，在附近的另外一个位置重新进入表面。在上面的讨论中，图74可以辨认出一个这样的区域。图75可以清楚地看到这种闭合区域强烈的日冕发射，尤其在沿着太阳赤道的一个区域带，一连串的活动区从左到右排列在日面上。作为对比，那一天太阳的上面部分，我们得到的图像上有一块与图74中四边形相似面积的单极磁场区域，那是几个月前磁场浮现的结果。我们计算磁力线的结果是趋向于向外而不是返回太阳表面：可以看到它们的投影从图像上边缘出去，有效地进入到行星际空间（严格来说，它们是否闭合超过了我们目前的测量能力）。这就是我们说冕洞是开放的区域的意思，不像在闭合的区域中，日冕等离子体被约束在太阳表面附近。冕洞中的日冕等离子体可以自由地向外运动，并且可以离开太阳运动到行星际空间，包括可能朝着地球的方向。

太阳系中所有行星几乎在同一平面，大致与太阳赤道在同一平面，并且太阳旋转时，在同一方向围绕太阳运动。因此，在地球上，我们是在赤道平面感受到太阳风。直到最近，能飞越太阳极区的"尤利西斯"号探测器（Ulysses）终于能够帮助我们从其他方向直接测量太阳风的特性。该探测器由美国国家航空航天局和欧洲航天局合作发射，它携带了多台科学仪器，用以研究黄道面外的空间环境。将一个卫星移出地球轨道面需要很大的力量、耗费巨大的能量，其轨道的

改变依赖于太阳系最大的行星木星的帮助。"尤利西斯"号于1990年10月6日在肯尼迪空间中心由"发现"号航天飞机发射，助推火箭把它送到远离太阳的方向，奔向木星。1992年2月8日，当它经过木星时，借助木星的强大引力，逃出了黄道面。这颗卫星比预期的成功，它完全围绕太阳摆动，并分别三次通过太阳的两极。它在六年间沿椭圆轨道运动，1994年第一次经过南极，1995年经过北极；在2000年、2001年又一次经过南极、北极；第三次是在2007年、2008年。最后，在2009年，由于星载发电机能量用完而宣告终结使命。

"尤利西斯"号三次经过太阳的两极，对应了三次太阳周期，分别是一个太阳极小期、一个太阳极大期和另一个极小期，太阳风的特性在两

图75 2013年6月19日，温度高达百万度的日冕图像中的一个大的冕洞。叠加在图像上的磁力线表明计算得出的磁场方向和形状，正是它控制了炽热的日冕等离子体。在接近于赤道的活动区，磁力线普遍是闭合的，在太阳表面开始和结束。但是，在冕洞中，磁力线是开放的，从太阳表面开始，到行星际空间结束，并且会穿过地球公转轨道。

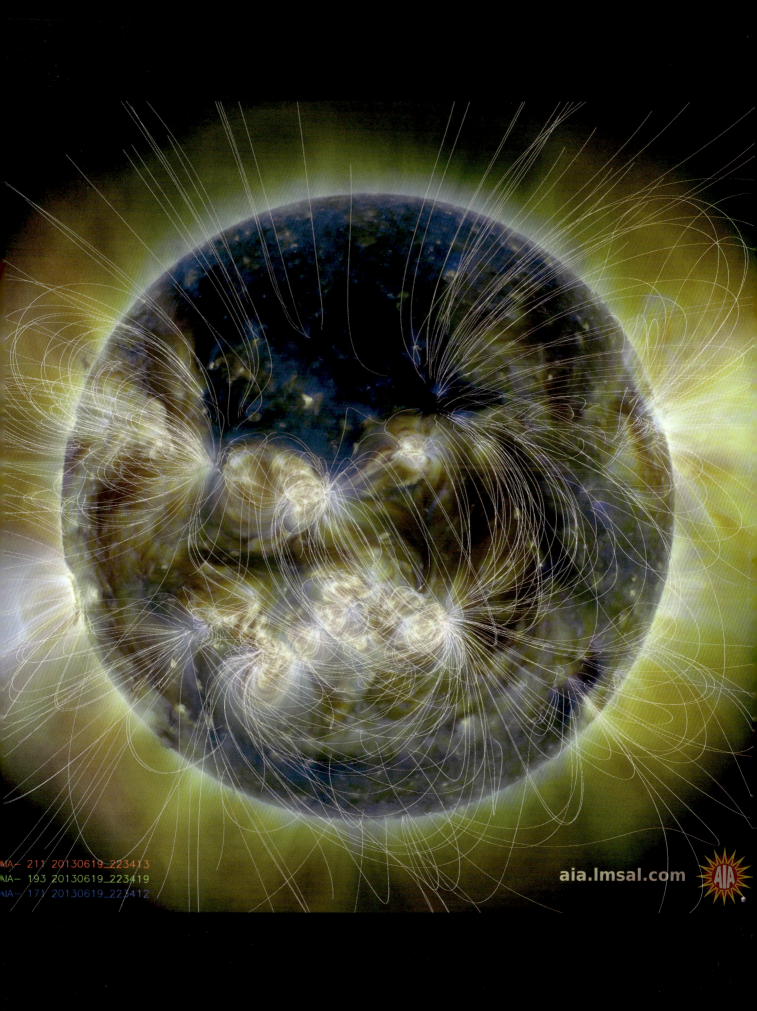

AIA— 211 20130619_223413
AIA— 193 20130619_223419
AIA— 171 20130619_223412

次经过之间会发生巨大的改变。图 76 展示了当围绕太阳锯齿状的线条以及在不同纬度测得的太阳风速度，这是卫星从太阳南极向赤道、再向北极运动、再返回，如此反复得到的。图上最明显的特点是：接近于赤道处，太阳风速较低（锯齿线距离太阳较近）；接近于极区处，太阳风速较高（锯齿线距离太阳较远）。因此，接近于赤道的闭合磁力线区域似乎也允许太阳风存在，但是速度相对较低；而存在于极区的冕洞区才是高速太阳风源。这种斧形轮廓在图中左栏和右栏也即太阳黑子极小期时得到的数据中尤其明显。而中间一栏是在太阳黑子极大期时拍摄的，显示出不同的特征。当太阳在活动周期的这个阶段时，许多具有磁力线闭合的活动区及其冕流主导了日面，除了在接近北极处的一个小区域外，几乎没有极区冕洞存在的迹象。太阳风是活动的、变化的，大多是中等速度，在北半球高纬度地区，也有少量的高速风存在。

图 76 "尤利西斯"号探测器连续三次通过太阳两极的过程中，其上的 SWOOPS 仪器对太阳各纬度太阳风速度进行测量。

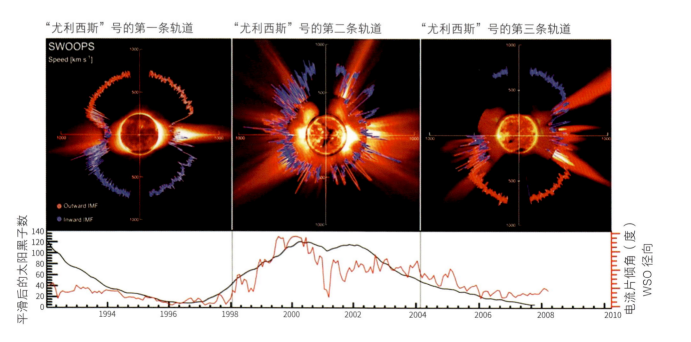

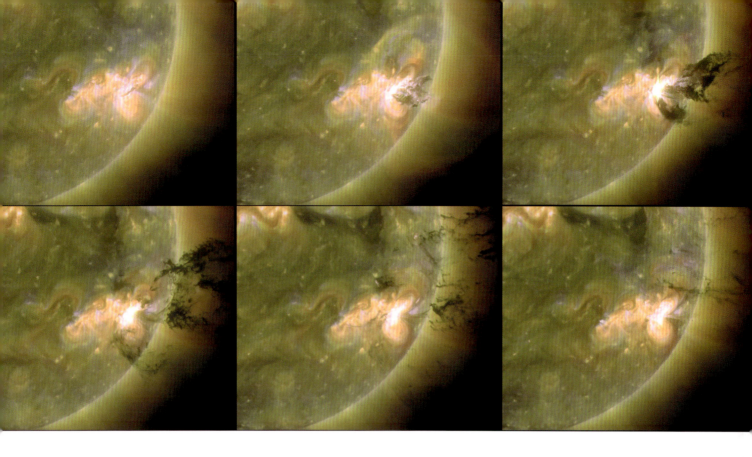

图77 2011年6月7日，在一次日冕物质抛射中，一个大的、高密的、相对冷的暗条从太阳日冕中被抛射。因为暗条是冷的、高密的，它吸收日冕的极紫外光，因此，与亮的日冕比较，暗条看起来是暗的。

日冕物质抛射

　　日冕中的冕洞和别的开放区域只讲述了太阳向地球传播扰动这个故事的一半。地球扰动来自太阳这一关联很难建立的主要原因是，冕洞中产生的和日冕物质抛射中出来的高速太阳风流都能对地球产生扰动，而且这两种事件的扰动源用地面上的观测设备都不容易探测到，因为

它们起源的区域用地面的仪器根本看不见。再者，也有别的因素决定一起事件是否具有对地效应——在地球上能产生强的效应——在离开太阳以后，它们确实可以与地球作用，还是并没有飞到足够接近我们的地方就飞走了。因此仅仅辨认出太阳上的扰动源区，并不足以建立其与地球扰动事件的关联。

　　日冕物质抛射有两个主要的组分：高密度暗条和触发日冕物质抛射的大致呈球形的磁前沿；有时，这两个组分之间的空洞也被看作日冕物质抛射的第三个组分。图77展示了一次由SDO上的AIA仪器观测到的大的暗条爆发事件。每两帧之间的时间间隔大约为10分钟，整个过程持续了大约1小时。一个磁前沿触发了日冕物质抛射之后，在膨胀的空洞中存在一个暗条，这些结构在SOHO卫星大角度分光日冕观测仪拍摄的图78中可以清楚地看到。当磁前沿向外拓展时，

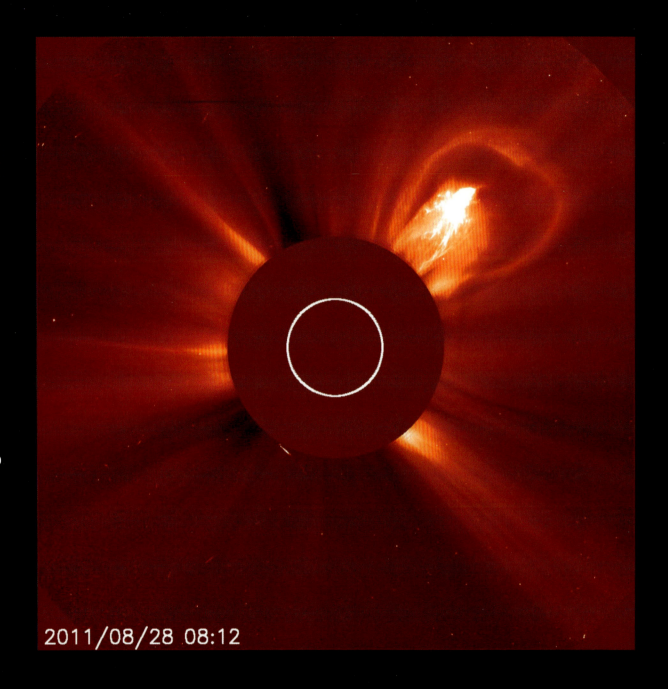

2011/08/28 08:12

图 78　ESA 和 NASA 的太阳和日球观测台（SOHO）的 NRL 望远镜捕捉到的 2011 年 8 月 28 日的一次太阳日冕物质抛射事件，这幅白光影像中特别亮的一块日珥即为从日冕仪掩盖的日盘中径向地发射出来的"暗条"（白圈标记了太阳光球的位置，它是日冕和高密日珥物质散射光的来源），图中也可以看到日冕抛射物质的前缘，一个向往膨胀

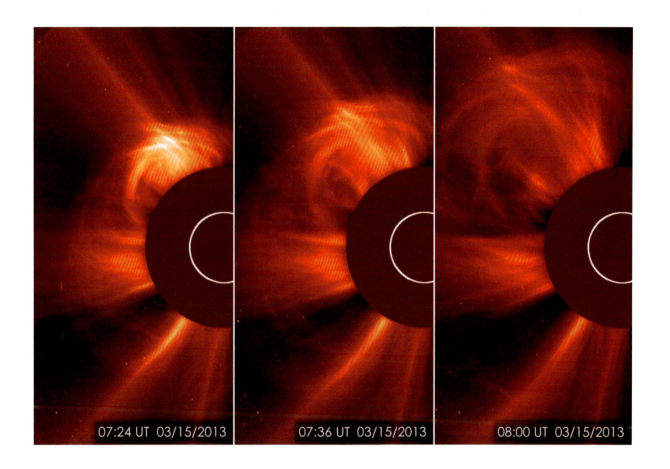

07:24 UT 03/15/2013　　　07:36 UT 03/15/2013　　　08:00 UT 03/15/2013

图79　2013年3月15日上午3时24分至4时，ESA和 NASA的SOHO卫星上的LASCO仪器捕捉到了一起快速运动的日冕物质抛射活动。该活动在3月17日凌晨1时28分被距离地球100万英里（约合161万千米）的ACE卫星监测到，几分钟后引发地磁暴。

它扫过前面的日冕物质抛射，产生一个膨胀的亮泡。从图79可见，当抛射的日冕物质从太阳离开时，整个泡状结构会继续膨胀。

日冕物质抛射的膨胀磁云向外运动到行星际空间，当它继续运行时，尺度会不断变大，通过内行星，运行到木星和土星的轨道。如果日冕物质抛射向外运行的方向合适，它会撞到地球；而如果日冕物质抛射的磁场方向也合适，它会和地球的磁场有很强的相互作用。图80显示了这样的相互作用，它显示了太阳上出来的一个事件（在图中的左边），击中了面向太阳的地球磁场的外部，也就是"磁鞘"。在此图中，侵入的太阳

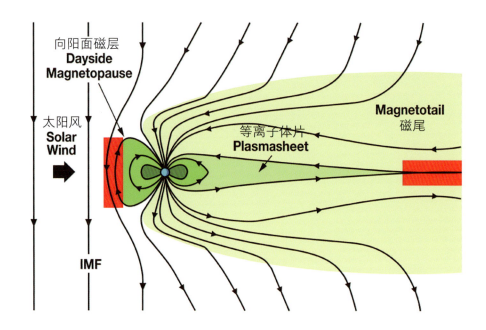

向阳面磁层
Dayside Magnetopause

太阳风
Solar Wind

IMF

等离子体片
Plasmasheet

Magnetotail
磁尾

图 80　地球被一个保护的磁壳包围，称为磁层。在地球背向太阳的一面，太阳风使磁层产生了一个长的磁尾，太阳风与磁层在前端接触的位置叫作磁鞘，磁鞘和磁尾的动力学的磁爆发事件能够沿着磁力线向着极区反馈到地球。红色矩形表明在传到地球之前扰动开始的位置。

风磁场与地磁场恰好反向，引起磁能的大量释放（图中标注的红色矩形框区域），加速了高能粒子，并且将它们沿着磁力线送到地球方向。在地球背侧，太阳风将地球磁场拉伸出磁尾，那里会发生相似的事件：相反方向的磁场相互作用，发生磁重联。磁重联事件加速了粒子，主要是电子和质子，沿着磁场将它们反馈到地球的电离层。

空间天气研究的一个重要作用是预报具有潜在对地效应的事件。美国国家海洋和大气管理局（National Oceanographic and Atmospheric Administration，NOAA）负责开展这些预报，它也是管理美国国家气象局的部门。它们的空间天气预报和我们日常所见的天气预报有相同的模式，都依赖于模型对未来的情况进行预报，从而发布相关的预警信息。图 81 显示了 NOAA 空间天气预报中心一个这样的预报。这一系列图像显示了一个离开太阳的日冕物质抛射，并在三天后有可能撞到地球上。每一张图的上半部分（主要是蓝色）表明了抛射物质的密度，下半部分（主要是黄绿色）则表明了物质的速度。在每张图中都显示了两个不同视角的图像：左边圆圈中看起来像一个纸风车的，是从黄道面上方俯瞰的；右边的扇形图是在黄道面上看的。左上角的图像展示了日冕物质抛射爆发前的情况，太阳风相当稳定地向外流动（产生像纸风车的结构），图中央黄圆圈代表太阳，右边的绿圆圈标记出地球的位置，能看到刚刚从太阳离开的日冕物质抛射正在

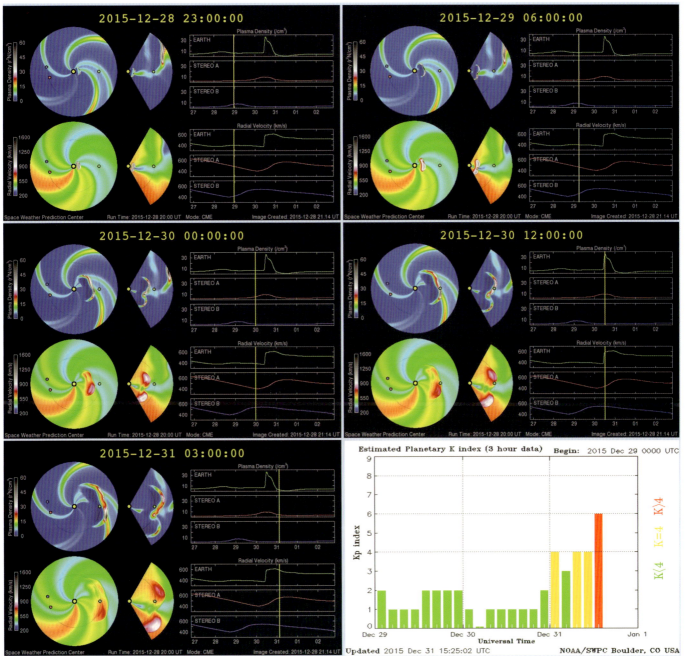

图81 观测太阳的一系列仪器采集的太阳风数据被用来
构成太阳风暴的模型，以提供对可以影响地球的事件的预
报。这些图片所示内容的含义在文中都有详细的描述。

向地球方向运动。右上图和左中图呈现了日冕物质抛射在太阳和地球的行星际空间运动时膨胀和演化的过程。中间偏右的图片显示日冕物质抛射撞向地球，对应着太阳风密度和速度的峰值。左下图显示日冕物质抛射继续运动，越过地球向着太阳系的外行星奔去。要注意的是，在每一张图右边的图示上都有一条竖直的线，标明了每一张图所处的时间。从这些曲线中可以读出日冕物质抛射接近地球时，模型给出的太阳风密度和速度预测值。这五张图是预报，作为对比，右下角的图则展示的是地球上实际测得的磁扰动，表明12月30日稍晚时发生了磁暴，比预报晚了半天。

NOAA有一系列地球同步卫星，按字母顺序编号，现在到了地球环境轨道卫星（Geostationary Operational Environmental Satellite，GOES）- R。它于2016年底发射，携带了由6个紫外滤光器组成的"太阳紫外仪器"（Solar Ultraviolet Imager，SUVI）。它是基于SDO的8个滤光器来设计的，以4分钟的时间间隔观测太阳（其实GOES卫星的主相机是指向地球的，不过它的太阳板指向太阳，因此它刚好适合安装一架太阳望远镜）。SUVI的视场比SDO的稍微大一些，但是它的分辨率低4倍。据估计它可以有20年的工作寿命。

日冕物质抛射越过地球公转轨道，继续运动到太阳系其他天体，包括路径中的任何行星。火星大气和挥发物演化探测器（Mars Atmosphere and Volatile Evolution Mission，MAVEN）于2013年11月18日发射，在2014年9月21日进入火星轨道，目的是研究火星上层大气太阳辐射和太阳风的相互作用。此前的火星探索已表明，在

遥远的过去，火星有一层很厚的大气，并且足够暖和，使表面可以形成液态水。很有可能十亿年前，火星存在具有保护作用的磁场；但由于磁发电机核心的变冷，终结了磁场的产生。现在，火星周围已经基本没有磁场。MAVEN的测量显示，太阳风逐渐将火星稀薄大气的剩余部分剥离，在强爆发事件中，日冕物质抛射在经过火星时，会尤其加速大气的损失。由于太

阳活动引起的大气损失，看起来可能是火星气候改变的一个主要原因。

这些太阳上喷出来的物质能够运行到多远呢？太阳风和日冕物质抛射的相互作用会推动星际介质——在我们和邻居的恒星之间，填充着空间的微小的物质——这会在我们太阳系周围，挖出一个空洞。这一空间是"被太阳影响的球"，因此被称为日球，标志着太阳风影响的范围。

图82　美国国家航空航天局的火星大气和挥发物演化探测器发现，太阳风流正在剥离火星的大气，日冕物质抛射尤其会加速这一进程。这张数据可视化作品形象地解释了这样一个事件如何袭击火星，并将其大气中所剩无几的原子进一步吹走。在遥远的过去，火星很可能有一个保护性的磁层，但现在它的大气则直接暴露于太阳活动中。

THE HELIOSPHERE

日球层

【 后记 】

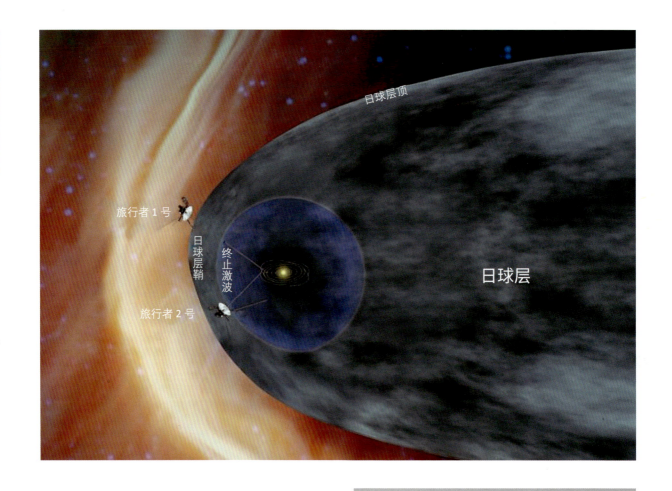

日球层顶

旅行者 1 号

日球层鞘

终止激波

旅行者 2 号

日球层

日球层结构示意图。

2012 年 8 月 25 日，旅行者一号成了第一个离开太阳系进入星际空间的人造卫星。1977 年 9 月 5 日，旅行者一号于卡纳维拉尔角（Cape Canaveral）发射，主要任务是飞近木星、土星和土星的卫星土卫六（Titan）。[24]1979 年 3 月 5 日，旅行者一号抵达木星，记录下了木星和它的若干卫星的详细影像，其中最特别的是发现了木卫一上的活火山。在引力辅助策略的帮助下，旅行者一号继续飞向土星，于 1980 年 11 月 12 日最为

接近。随后它继续向外飞行，目前距离太阳约 200 亿千米。

我们已经了解到，太阳的影响力覆盖地球、大的气态行星木星和土星，再向外到达所有已知的太阳系行星之外。它的影响力——借用这个政治名词——范围到底会向外扩张多远呢？是否存在"日球层"（heliosphere）？来自太阳的辐射是持续减弱而没有清晰的终点，还是在我们的太阳系和行星际空间之间有一个清晰的边界呢？你可能认为太阳风表现得如同光线一样，由太阳向

各个方向逐渐传播开去，在越来越大的空间内传播开的过程中强度不断衰减。从更远的地方看，随着我们离太阳越来越远，它将会变得越来越小、越来越暗，逐渐成为像其他恒星一样的一个小光点，最终变暗到眼睛都看不见。这些变化是缓慢发生的，没有任何明显的边界或非连续性。这同样适用于太阳的引力作用：它在向外延伸的过程中平稳地衰减，原则上能延伸到无穷远的地方，而实际上在距离为 3.6 光年左右就变得可以忽略不计了。

但是太阳风表现得很不一样。恒星与恒星之间存在着星际介质，那是一种密度非常低的气体，比我们地球上的大气密度至少低一百亿亿倍。在太阳附近，向外流动的太阳风的强度足以把这一背景气体向后推。这因而使得很大空间范围内，充满了向外扩张着的日冕物质和热磁化等离子体时不时爆发出来的额外喷流。但是最终，这风的强度会变得过于微弱，以至于无法推开星际介质。随之产生了一个边界，在这边界之外我们认为风的影响力已经停下了。我们称这个边界为"日球层顶"（heliopause），其中"pause"（暂停）指的就是"终点"。

图 83 这是从日地关系观测台看到的麦克诺特彗星的彗尾。这一彗尾的大体形状来自彗星在环绕太阳的轨道上行进时被抛出来的尘埃，纹路则是由于彗尾中电离粒子与磁化了的外流太阳风的相互作用，它们指向太阳的反方向（太阳在这幅影像右侧边框外的方向）。在影像中间偏左处和右侧边缘处，带有竖线的很亮的恒星状图案分别是金星和水星。它们如此明亮，以至于拍摄出的图像饱和度特别高。

美国天文学家尤金·帕克预测出了太阳风影响力的外部边界，当时他用数学公式写出关于太阳风的理论，并注意到它会以超声速在行星际空间扩张。距离太阳越远，太阳风越弱，最终减速到不再超过声速。这一转变体现在一种超声速行进时独有的效应上。适用于任何介质的关键定律是：扰动将以特定的速度传播，这一速度取决于介质从扰动中恢复的能力。如果你压缩空气，或一根弹簧，或任何具有相似弹性的东西，它都会弹回去。而这一反作用发生的速度依赖于被扰动介质的天然属性。一种有很强弹性的软材料反作用较慢，所以扰动传播较慢。一种很硬的材料，比如一根金属棒，弹性很小且有迅速的反作用，因此扰动以很高的速度传播。我们给这一速度命名为"声速"，尽管它显然不仅适用于声波，也适用于如压缩弹性介质时产生的形式更一般的波。

当一个物体穿过介质并产生扰动时会发生什么呢？比如飞机飞行时，把空气向外推开，只要飞机飞行得比空气移开的速度慢，就会安然无恙：飞机制造的扰动会以声速移动开来——这里倒的确是"声音的速度"——在飞机前方叉开。但如果飞机移动得比声音的速度快，空气就来不及迅速从路线上移开，飞机就会将空气压缩并堆积起一面高密度的墙壁。这面被称作"激波波前"的墙壁以声音的速度由飞机的边缘和后部传播开。当它经过在地面上的我们的时候，我们能听到音爆，也就是听到这一压缩的波前经过了我们。

类似的现象也会发生在超声速的太阳风膨胀进入星际空间的时候。膨胀着的太阳风最终会经历降低到亚声速的过渡，这时我们会看到相反的情形：亚声速风会阻碍速度更快的超声速风，并再次形成高密度墙壁。这二者的过渡区域是一个激波，且在此是驻定的激波——会在各个时刻几乎停留在相同的位置。我们说"几乎"，是因为膨胀中的太阳风是多变的，所以过渡可能发生在更近一点或更远一点的地方，这取决于它外流的速度。另外，在太阳的四周有一个突然的、可以清晰界定的转变，称为"终端激波"——我们可以说成是太阳风的影响力的界限。两艘旅行者号探测器被见证穿越了这一终端激波。旅行者一号被认为在 2004 年 12 月穿越了它，位于距离太阳94 个天文单位处，而旅行者二号看起来于 2006年 5 月穿越了它，距离为 76 个天文单位。

日球层顶

激波终端仅仅是定义太阳影响力极限的边界之一。此处的太阳风或许慢了下来，但它依然在向外流动，并且它的压强依旧大到足以推开星际气体。在终端激波之外，太阳风与星际气体在汹涌的涡流区域相互作用，这一区域称为"日鞘"（heliosheath）。最终还有另一个区域，在更远处，外流的太阳风的强度不再能推动星际介质，因而静止下来。在这"日球层顶"之外，我们真正能够判定自己到底是否身处于太阳系之外，来到星际空间了。

作为在太空飞行历史上取得的成就最令人震撼的项目之一，旅行者一号似乎已经在多年前穿过了预言中的汹涌区域，且进一步在 2012 年 8月 25 日穿过了最终的外部边界（图 84），这是

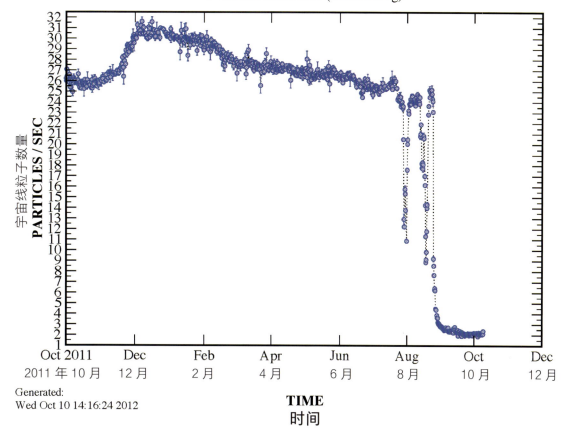

旅行者一号
VOYAGER-1
> 0.5 MeV/nuc ions (6-Hour Avg)

宇宙线粒子数量 PARTICLES / SEC

32 31 30 29 28 27 26 25 24 23 22 21 20 19 18 17 16 15 14 13 12 11 10 9 8 7 6 5 4 3 2 1

Oct 2011 Dec Feb Apr Jun Aug Oct Dec
2011年10月 12月 2月 4月 6月 8月 10月 12月

Generated:
Wed Oct 10 14:16:24 2012

TIME
时间

由宇宙线数量的突然减少推断出来的。这些高能粒子不再来自太阳，而是看起来来自太阳系以外的区域。没有了来自太阳的高能粒子——即太阳宇宙线，现在取而代之被我们看到的，是另一类高能粒子，它们弥漫在星际空间，被称为银河系宇宙线。

图84　这幅图展示了从2011年10月至2012年10月旅行者一号每秒探测到的宇宙线粒子数量。宇宙线粒子数量从2012年8月开始波动，最终在9月前开始急剧减少。这一转变标志着这是穿越太阳最外侧影响力界限的途径之一。

穿过星际介质

太阳，同它的磁场、外流的太阳风以及所有行星和数不尽的其他小天体一起，正每时每刻都穿行在被称为星际介质（Interstellar Medium，ISM）

的气体及尘埃云中，外流的太阳风最终会遭遇这种布满四周的介质。因此，理论上，在这二者之间应该有一个过渡。为了知道我们的太阳系从另一颗遥远恒星看过来是什么样子，我们可以看看其他恒星在它们的星际环境中的移动。已知能达到此类目的的天区中，最佳的一个坐落于猎户座，我们能够清楚地看到，年轻恒星在穿过局域星际介质时发生的相互作用（图 85）。现在有一些争议集中在，来自太阳的风是否导致了被称为弓形激波（bow shock）的弧状结构。但可以肯定的是，我们确实在其他恒星周围看到了这些结构的形成，尤其是在沿着它们的运动方向（相对于局域星际介质的运动方向）。为了展示我们在星系中的位置，我们以这幅由哈勃空间望远镜（Hubble Space Telescope）拍摄的、位于猎户星云的猎户座 LL 星的影像作为结尾。飘浮于星云之中的年轻恒星猎户座 LL 星制造出能量充沛的星风，星风撞上速度较慢的周围气体并产生激波。在右上方一颗暗弱恒星的前方，也能看到另一个小的弓形激波。几乎可以肯定，我们处于一个类似的位置：即使是距离我们最近的邻居也很遥远，我们在打着旋的星际等离子体中飘流着，居住在一个很小的岩石球体上，陪伴着那个熠熠生辉的球并把它叫作——太阳。

图 85　这个优雅的弧度结构事实上是一个弓形激波，宽 0.5 光年，由年轻的猎户座 LL 星的星风和猎户座星云流碰撞产生。这一复合颜色的影像是覆盖了猎户座大星云（Great Nebula in Orion）的拼接图像的一部分，由哈勃空间望远镜于 1995 年拍摄。

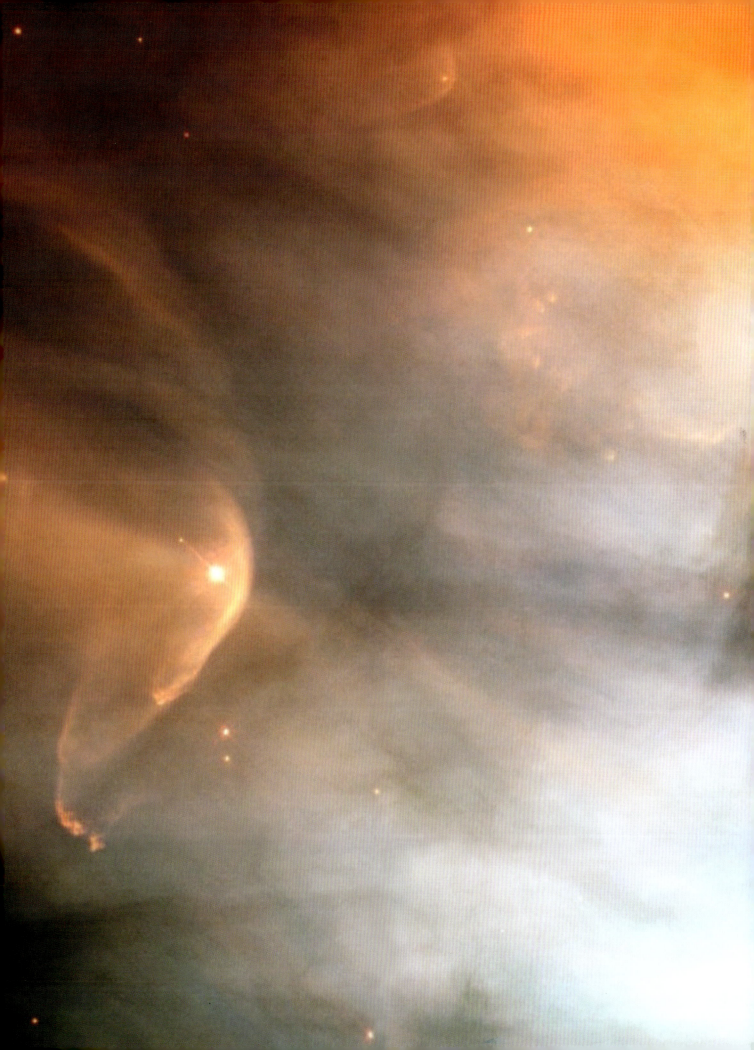

附录和索引

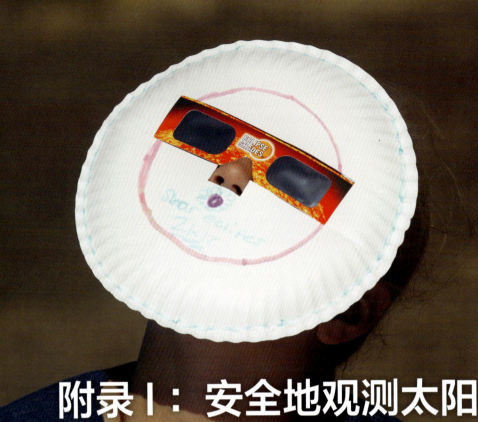

附录 I：安全地观测太阳

太阳的亮度比满月几乎高了一百万倍，以至于用裸眼直接看太阳是很不安全的。如果盯着它看，只要几秒，就可能对你的眼睛造成永久性的伤害。并且，一定不要用双筒望远镜或其他望远镜直接看太阳，除非经过了适当的滤光。这些光学器件对未经滤光的太阳光聚焦之后，能迅速造成视网膜灼伤。

眼睛（准确地说是视网膜）没有痛觉感受器，所以你无法通过疼痛得知眼睛正在受到损伤。直接凭裸眼看太阳会造成视网膜灼伤，损伤或者破坏视杆和视锥细胞（见第四章）。有时眼科医师会发现，月牙形的视网膜灼伤与患者观测的日食中的月牙形状正好能对上。

普通的太阳眼镜在观测太阳时所起的作用有限，它们仅仅把太阳光的强度降低一半左右。你真正需要的，是那种现今越来越容易得到的"日食眼镜"，更准确地说是"日偏食眼镜"或真正的"观看整个太阳眼镜"，它们的零售价只要一英镑或一美元。这种眼镜使用一种深色的（深色是由于悬浮着碳粒子）聚合物或镀上铝的聚酯薄膜（从工艺上来说，并不是那种打上商标的麦拉片）来吸收入射阳光，使剩下的仅仅只有十万分之一左右。有些能看到国际标准组织（International Standards Organization，ISO）的批准证书号，你不如只认准带有这一标准认证的滤光片，它们会伴随着一个大的 CE 标志；截至 2016 年，预计会看到的认证应该是 ISO 12312-2。如果将眼镜远离眼睛对准太阳，你能看到镜片上是否有任意尺寸的小孔；但如果你看到很亮的光点穿过它们，就把眼镜丢了吧（图 86）。

很久以前，人们用烟熏过的玻璃来观测太阳：大体上就是用火焰产生的烟灰覆盖在玻璃片的表面。不过这种涂层并不均匀，也容易被抹去。所以我们现在认为它们是不安全的。类似的，透过 DVD 或 CD 的涂层看，能够把入射的太阳光降低到人眼可接受的水平，但是如果你不是专家，或许不能鉴别这个涂层对入射阳光的吸收 / 反射是否充分；新手们甚至有可能从碟片中间的洞去看太阳，那看到的就完全是未经过滤的太阳光了。

另一条典型的建议是使用 14 号焊工玻璃。事实上 12 号就够用，也更容易获得，尽管它会产生一个更亮些的太阳影像。价格低廉的日食眼镜是如此容易获得，使得使用它们显得更合理些。但是，焊工玻璃会产生偏绿色的影像，相比其他几种滤光片得到的偏橙色影像，一些人对此并不那么满意。

传统的做法是，雾化曝光后的黑白底片，或者 X 光片（透过高密度部分看，而不是透过骨

图 86　这是一套现代日食观测眼镜。

骼造成的透明部分）都因能够吸收足够的光线而被用作滤光片，但现今这种老式黑白胶片非常稀少。彩色胶片不应被使用，因为它在红外波段没有吸收能力，而正是这一波段的吸收能力使得黑白胶片很安全。

我们用"中性灰度"（neutral density）这一术语来表示在很宽的光谱范围内光的对数尺度衰减，虽然在可见光部分的中性灰度不一定意味着没有"红外泄露"——这使不可见射线透过而足以伤害眼睛。中性灰度 0 就是没有衰减，即 100% 地穿透；中性灰度 1 就是 10^1 的衰减，产生 10% 的透射光；中性灰度 2 就是 1% 的透射光。关于安全地观察太阳，太阳滤光片主要专家、验光学荣誉退休教授，加拿大滑铁卢大学的 B. 拉尔夫·周（B. Ralph Chou）建议，可见光波段最少 4.5 灰度，红外波段最少约 2.3 灰度。也就是说，在可见光波段，少于 0.003 个百分点的透射以及红外波段少于 0.5 个百分点的透射。他的工作（见下方链接）中有一页图片展示了各种滤光片的透射率作为波长的函数。

http://uwaterloo.ca/optometry-vision-science/people-profiles/b-ralph-chou www.skyandtelescope.com/observing/solar-filter-safety

对于在望远镜上的应用，很多人喜欢用含有铬沉淀物的玻璃基底做成的中性灰度滤光片。在望远镜（含双筒望远镜）上，滤光片总是应该放在仪器前方，使得太阳光在进入光学元件之前就被过滤了。这样一来，并不会使所有的太阳光都聚焦在滤光片上。如果那样的话，可能会有危险，甚至使滤光片或光学元件破裂。大家可以买到全孔径的中性灰度滤光片。

一些高端的业余爱好者，使用能透过红色氢谱线或紫外电离钙谱线的专门的滤光片。它们能展示太阳色球的结构。与之相对的，中性灰度滤光片能展示太阳大气层中的光球层，包含着太阳黑子。

只需做一些前期工作，你就能订购日食观察眼镜，有各种各样的供应商，比如：

欧洲：

Assistpoint, Ltd, www.eclipseglasses.co.uk

美洲：

Thousand Oaks Optical, www.thousandoaksoptical.com

Rainbow Symphony, www.rainbowsymphony.com

American Paper Optics, www.eclipseglasses.com（不要混淆红/绿 3D 眼镜和全吸收太阳眼镜）

Baader Planetarium（德国），www.baader-planetarium.com/

关于安全和国际标准组织（感光度），见 www.eclipseglasses.com/pages/safety

可以看看一个在线的太阳镜展览：http://astronomy. williams.edu/hopkins-observatory/eclipse-viewers，包含一个可以追溯到 1790 年伦敦日食的例子（图 87）。在马萨诸塞州的威廉斯敦，威廉姆斯学院霍普金斯天文台（Hopkins Observatory）的米勒姆天文博物馆展出了真实滤光片的精选品。

如果是为了学校的课程使用，你可能倾向于购买一张大约 50 厘米见方的正方形滤光片，把它放入一个硬纸板框架，这样年纪小的学生就能很容易地站在它后方（图 88）。

还可以看看 www.eclipses.info 上面关于用眼安全和太阳滤光片的章节。这个网站是国际天文学联合会（International Astronomical Union）日食工作组的网站。

图 87　这是来自 1790 年伦敦日食的象牙质日食镜架。不过，滤光片使用的是什么材料并不清楚。

图 88　安全的日食观测中，观测者使用的是个人的日食眼镜（左图）或一大张滤光片（下图）。

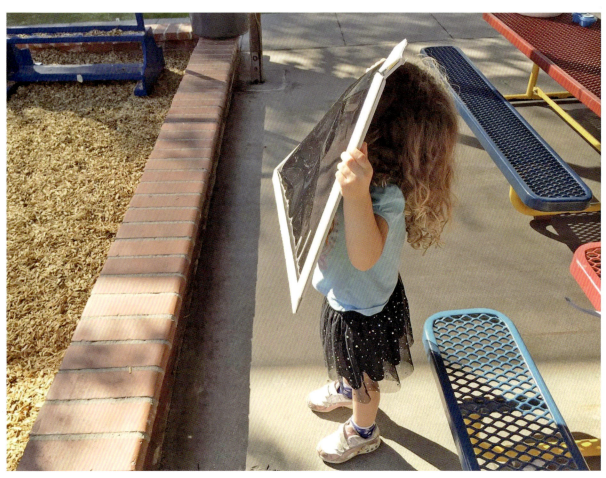

附录 II：业余爱好者的太阳观测

为了安全地观测太阳黑子，你需要使用前端适当滤光的望远镜（在后端的"太阳滤光片"有可能在强烈聚焦的太阳能之下破裂，所以不被认为是安全的）。装在任意望远镜前端的"中性灰度"滤光片的价格一般为50美元或英镑。也就是说，它们将所有颜色的光线相当均匀地加以削弱，因而呈现出白色影像，或者有时多透过些橙色以产生令人愉快的橙色影像。一种叫"太阳观察仪"（sunspotter）的设备凭借折光镜面组的精简设计而十分小巧便携，从下方的来源可以以几百英镑或几百美元购买到。还可以考虑"太阳观察镜"（solarscope），既有很便宜的纸质版本，也有木质的较新版本。它由法国制造，在美国的网站www.solarscope.org/us/index.us.html 和英国的网站 www.solarscope.org/en/index.en.html 都能见到。

有的望远镜配备了约1 000英镑的滤光片，能够看到太阳色球和连在日面边缘的日珥中微红色的Hα线。这样的滤光片也能被安装在个人的小望远镜上。

以下网站可以查询太阳黑子的相关研究信息：

1. 关于太阳黑子的观测历史：http://solar-center.stanford.edu/about/sunspots.html

2. 关于太阳黑子发现史的讨论：www.nasa.gov/mission_pages/sunearth/news/400yrs-spots.html

3. 一个给太阳黑子分类和排序的众包网站：www.sunspotter.org

以下是业余天文学家团体及相关网站，也可以查询太阳的相关研究信息：

1. 美国变星观测者协会（AAVSO，American Association of Variable Star Observers）：www.aavso.org/solar

2. 月球与行星观测者协会（ALPO，Association of Lunar and Planetary Observers）：alpo-astronomy.org/solar

3. 查理·贝茨太阳天文学项目（Charlie Bates Solar Astronomy Project）：www.facebook.com/groups/charliebatessolarastronomyproject/

4. 一个专门投身于太阳观测的脸谱网站：www.facebook.com/groups/solaractivity/

当然，如果你想订购专业的观测设备，可以查询以下网站：

1. 如果你想订购中性灰度太阳滤光片，用来装在望远镜上观测太阳黑子：Thousand Oaks Optical, http://thousandoaksoptical.com

2. 如果你想订购 Hα 滤光片来观测太阳色球和日珥（或为了更先进的观测，订购能观察钙的 H 线或 K 线波长处的滤光片）：

Daystar Filter Corp, http://daystarfilters.com

Lunt Solar Systems, http://luntsolarsystems.com

Solarscope (Isle of Man), www.solarscope.co.uk

你还可以从以下渠道订购已配备了合适的 Hα 或钙线滤光片的太阳望远镜：

Daystar Filter Corp, http://daystarfilters.com

科罗纳多"个人太阳望远镜"（Personal Solar Telescope，PST）配备了 Hα 或钙线滤光片，可以从多家相机店和望远镜供应商购买。制造商网站链接如下：

www.meade.com/products/coronado.html

http://luntsolarsystems.com（Lunt Solar Telescopes）

www.solarscope.co.uk[Solarscope (Isle of Man)]

"太阳观察仪"，一款精简的仪器，用来观察太阳盘面白光图像以看到太阳黑子：

www.scientificsonline.com/product/sunspotter www.teachersource.com/product/sunspotter-solar-telescope/astronomy-space

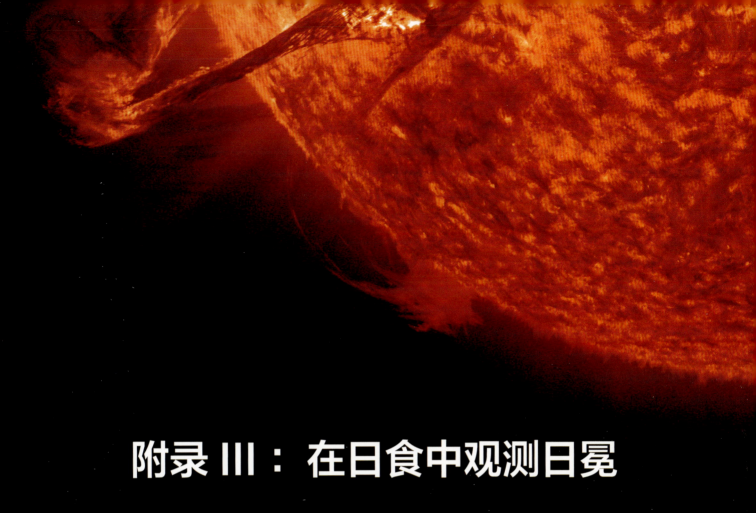

附录 III：在日食中观测日冕

个人能看到的最壮观的景象，在我们看来，是日全食。看到天空在大白天变得昏暗以及在头顶发生着不可思议的现象，会是一次难以置信的体验。但日全食每 18 个月左右才会在世界上的某处发生一次，并且届时只发生在一条大约 100 千米宽、几千千米长的范围内。你必须正好在这个范围里才能体验日全食。

观看日全食能给予学生和其他人以灵感和鼓舞，因此，我们鼓励每个人都去全食带。业余天文爱好者协会或天文馆经常搭建起公共观看场所。教师们可以帮助他们的学生获取并使用适当的滤光片观看（图 89）。

日冕比太阳的亮盘暗淡约 100 万倍，所以即使日食达到 99% 的程度也不够，哪怕只有 1% 的太阳光球是可见的，剩下的光芒依然比日冕亮 1 万倍。如我们在前面的附录中描述的，即使只有日常太阳（太阳光球）的一小部分可见，也无论何时都需要使用专门的太阳滤光片才能安全地看太阳。

即使在全食带中，你也需要在全食之前和之后各一个小时左右的偏食中佩戴偏食眼镜（经常

简明而有些误导性地被称为"日食眼镜")。除非你像这样透过专门的眼镜观看，否则只有在偏食阶段的最后几分钟你才能注意到正在发生日食。

事实上，我们倾向于选择滤光片——手掌大小的卡片中间是滤光片材料，来观测太阳。你需要用手举着观测，因为这种滤光片没有眼镜脚可以戴。偏食阶段的变化很慢，每隔5分钟左右，

抬头透过滤光片看几秒钟就够了。虽然说正确佩戴合适的偏食眼镜时，持续看也是安全的，但是最好能克制持续盯着太阳看好几分钟的冲动。

当（透过偏食眼镜看到）月牙形的太阳开始全方位地缩小，就已经很接近全食了。当透过眼镜看到月牙形已经完全收缩，就到了"贝利珠"出现的时刻。从那时起，你就可以直接看日食了。不过在能看到亮白色贝利珠的时候，也不要

图 89　一群四岁孩子，他们每人拿着和戴着一个镶在木板框架中的大滤光片和一副个人用的"偏食眼镜"（有个孩子在尝试时向着错误的方向看去，所以她什么都看不到）。

着太阳。不过偏食眼镜现在如此容易获得并且非常廉价，使得针孔照相机的影像显得暗淡且不受人青睐。

拥有丰富的观测太阳方面知识的人还会用望远镜和双筒镜（反着拿）投影太阳的影像。不过还是那句话，要背对着太阳，并且只看投有影像的地面、墙或者屏幕。

当"钻戒"消失的时候，你取下眼前的滤光片，将会看到略带红色的色球、环绕着它的珍珠白色的日冕以及黑色的月球剪影。日冕在整个全食阶段都能看到——2017 年美国日食的全食带中心线上，全食阶段从两分钟到两分四十秒左右不等。另外，现今在地面上有可能观测到的最久的全食阶段是六分钟。

只有在这一全食阶段，才能安全地直接看太阳。与一些人的错误观念相反，并没有额外的太阳射线在日食期间产生；我们看到的只不过是一直在蓝天背后的日冕，只是此时蓝天隐藏了而已。

从一个地点的几分钟（或几秒钟）全食中看不到日冕的变化，不过月球的影子在地球表面走过漫长的路径需要两个甚至更多个小时。对比路径上不同地点的影像，会显示出冕流和冕羽的变化。

盯着看太久——扫视一两秒钟即可。最后的贝利珠是钻戒形的（很罕见地会出现"双钻戒"），当"钻戒"在几秒钟的时间内变小时，就可以安全地直接看太阳了。

传统上，人们用"针孔照相机"来看太阳光球（即我们每天看到的太阳表面）的月牙形。只需在一张纸板上做出一个几毫米直径的小孔，就能向下看到它的投影，与此同时安全地背对

如果你是第一次看全食，建议你专注于看就够了，不要把注意力从这一奇观转移到拍摄照片上，因为那有可能使你失去完整的体验。毕竟更富有经验的天文摄影师们会拍摄大量的照片，你也能够获取这些照片（插图90）。不过假如你按捺不住要拍摄日食，你需要先确定你想要什么样的专业设备。在2015年的斯瓦尔巴群岛日食中，苹果手机就拍出了很棒的照片和录像。不过经常发生的情况是，如果你只是用手机相机或卡片相机，自动对焦功能可能会在全食的整个几分钟里都在"搜寻"，而一次也没能对上焦。

有时，除了拍摄那些太阳在画幅中很大的长焦影像，拍摄广角图像可能更加有趣（尽管会少些科学性），可以展示出在地貌风景中食甚的太阳。这类尝试只在全食中有效，因为在画幅范围内，哪怕是一点点没有食甚的月牙形，也会导致过度曝光，除非碰巧有恰当厚度的薄雾或云，否则它的形状会被掩盖，以至于你无法从影像中看出正在发生日食。

图90 这幅广角图像于2016年3月9日拍摄，展示了在印度尼西亚特尔纳特岛的日全食。虽然有薄云，但是能看到所有日全食的现象。使用的是尼康D600相机，尼克尔（Nikkor）24 ~ 85mm f/8变焦镜头的24mm档。偏食和全食的影像展示在上方。偏食的影像由尼康D7100搭配尼克尔80 ~ 400mm镜头的400mm档以及科视达（Questar）滤光片，全食的影像使用的是尼康D7100搭配尼克尔500mm f/8镜头，没有滤光片。

我们中的一员（杰伊·帕萨乔夫）参与了一个基于劳伦斯·伯克利实验室（Lawrence Berkeley Laboratory）的"大电影"项目。其中，来自全世界的2017年日全食照片会被上传（感谢谷歌公司的安排）并拼接成一部完整的电影。我们可能最终会为智能手机拍摄的影像和普通相机拍摄的分别制作独立的电影。详见 http://eclipsemegamovie.org。

由美国国家太阳天文台（National Solar Observatory）的马特·佩恩（Matt Penn）和其他机构组织的北美全民"望远镜日食实验"（Continental America Telescopic Eclipse，

CATE），继2016年印度尼西亚日食的尝试之后，计划在2017年让观测者持相同的设备，分布在全美国的几十个地点同时开展观测。详见 https://sites.google.com/site/ citizencateexperiment/home/。

如果你使用的是标准单反（single-lens-reflex，SLR）相机（尼康和佳能是常见的品牌），你会更多地希望使用长焦镜头。一般习惯是，一个500毫米焦距的镜头是全画幅相机的理想搭配；现在很多相机使用2/3尺寸的芯片（即全尺寸芯片的2/3大小，尼康对全尺寸芯片的术语叫作"FX"，画幅大小相当于35毫米胶片——在电

图91　这是一套现代的偏食眼镜，来自卢克·科尔（Luke Cole）收藏的日食观测工具。一旦明亮的光球完全被遮挡住，需要把眼镜取下才能看全食。有时，人们没有得到正确的用法说明，却在全食的时候仍然戴着这种叫法带有误导性的"日食眼镜"（它们实际上应该被叫作"偏食眼镜"），因而就完全看不到全食，因为日冕的亮度透过这种太阳滤光片就暗得完全看不见了

子革命之后，几乎没有人使用胶片了）。对于 2/3 尺寸的芯片（尼康的术语是"DX"），300 毫米的镜头大致是对等的。这样的长焦镜头能拍出完整的太阳盘面和它周围延伸出的一个太阳半径左右的日冕，以及日冕周围带有美感的天空（还能在全食的几分钟里看出部分太阳的运动）。

将相机搭在稳固的三脚架上，对于所有长焦日食摄影都非常重要。另外，尽可能用上控制相机快门的缆线（或无线控制），这样就可以避免对相机的触碰——那样可能会带来一些摇晃。

通常在日食期间，你需要拍摄一系列不同等级的曝光，也就是常说的"多重曝光"。所以你或许可以拍摄 1 秒、1/2 秒、1/4 秒、1/8 秒、1/16 秒、1/32 秒的。最好能够将感光度（ISO 设置）调到适当的水平，比如 ISO800。虽然相机可能提供上述 ISO 参数 8 倍甚至更多倍的设置选项，但是越高的设置往往导致越多的噪点（越颗粒化）。将透镜孔径（如果能够调节的话；一些长焦镜头是反射式镜头，就无法调节）调到比最大视野缩小一个或两个 f/ 光圈的档位（f 是焦比——镜头的焦距除以它的直径），不用最大视野，是因为镜头在最大视野的设定下常常变得不那么清晰了。因此，假如你的相机镜头允许的范围在 f/4 至 f/32 之间，将它调到比 f/4 高一个档

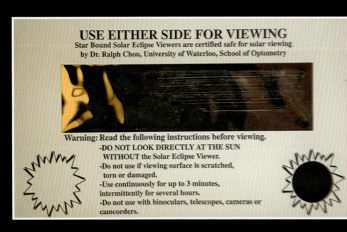

图 92　这是镶有滤光材料的长方形"卡片"的两面；只能用手把它举在眼前看日食而不能戴着看，这是为了提醒你在偏食阶段，每隔几分钟就扫视几秒，而在全食阶段不需要使用它。

Southernmost
Tip of Africa

850 m →

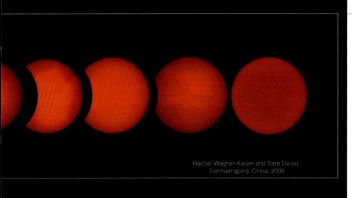

Rachel Wagner-Kaiser and Sara Dwyer
Tianhuangping, China, 2009

图 93　这是 2009 年中国日全食的一系列影像。在初偏食阶段用的是偏食滤光片，接下来的全食没有用滤光片，随后的末偏食阶段再次使用了偏食滤光片。

图 94　这一系列图像来自 2016 年印度洋上留尼汪岛的日环食。由于太阳没有在任何时刻食甚，因此需要一直使用偏食滤光片观看日食。

图 95　这一系列图像来自 2015 年南非的日偏食。由于太阳没有在任何时刻食甚，需要始终使用偏食滤光片，除了在清晨，有几次云层的厚度使得偏食的太阳可以透过云层观看。

位，也就是 f/5.6（把这两个数平方，你会发现开口的面积在这两档之间差 2 倍）。关于拍摄日食，有一点比较好，既然日冕的亮度分布范围很广——在太阳边缘处，比在一倍太阳半径外大约明亮一千倍，因此任何一次曝光必定会对某一部分的日冕是合适的。一系列多重曝光，会展现出一系列不同范围的日冕。

别忘了下载和备份你的日食影像，你应该不希望看到它们因为操作失误而消失。

在全食的几分钟之后，"钻戒"会突然间从太阳盘面的另一侧（相对于全食开始时的"钻戒"而言）开始变亮，这意味着你需要看向别处，并重新开始自始至终透过专门的偏食滤光片（图 91）或滤光卡（图 92）之一来观看日食。

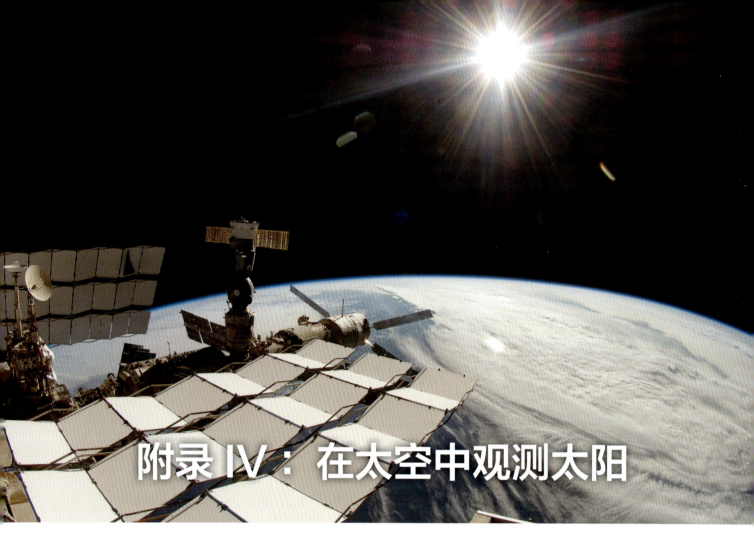

附录 IV：在太空中观测太阳

在太空观测太阳是一项艰巨的事业。假设你有一架望远镜，并希望从太空中对准某个目标拍摄照片，你要如何着手做这件事呢？你无法像在地面上一样架设它，因为太空中没有地面；你不能通过目镜看，因为你很有可能还在地球上。或者假如你是一名宇航员，你很可能待在一个受保护的内部环境中，而望远镜在外部。出于类似的原因，你也无法将望远镜对准你的目标。并且，就算你拍了一张照片，接下来怎么做呢？退一步说，你的望远镜如何进入太空？可以假定它多半是一个精密光学仪器，那么它如何能经受住一次充满振动和加速的猛烈的发射？望远镜一旦进入了太空，就进入了真空之中，太阳会把它的一端加热到几百度（那里可没有空气使它冷却下来），而另一端仅仅释放辐射，因此远低于 0 度。这样一来，会在望远镜热的部分和冷的部分分别产生膨胀和收缩，导致光学器件及相关结构的扭曲和畸变，进而导致严重的对焦和像差问题。与此同时，穿过这一系统的高能粒子会对电子器件造成损伤。

为了在太空中设立一个观测台，需要四个主要的部分：

1. 打算使用的仪器（图96），需要精心地设计以在太空的严酷环境中能够运行。这部分包括将影像或其他得到的信号转变为适合通过无线电传输到地面的电子器件。

2. 一套支撑系统，一般称为宇宙飞船，它提供电力、指向（引导仪器指向计划的目标）、数据处理、数据存储和遥测。

3. 一部发射器，以将观测台（仪器加宇宙飞船）送入太空。

4. 一个地面站，用于在地面上接收数据并提供给科学家。

我们会依次讨论这个列表里的各项，并谈谈太空观测的特殊需求和要求。其实我们首先要问的是：既然在太空中观测比从地面上观测困难得多，我们为什么还想在太空中开展天文观测？简单点的答案是，在太空中观测，是获取想要的数据的唯一途径，或至少是最好的途径。比如，紫外波段的光因为被地球大气吸收而无法到达地面，与此同时，许多来自太阳和其他恒星的最强、最重要的波段在紫外。观测这些波段的唯一方法，就是将观测仪器放在大气层之上。

仪器

将仪器放在太空，有一条最重要的考量，就是要深刻且全面地理解：一旦它被发射，你将再也无法触及你的仪器。没有修修补补，没有重新装设电线，没有对损坏组件的修理——只要涉及到人的肢体操作，都无法完成（载人航天任务是个例外，但那只涉及太空中很小比例的仪器）。

从设计环节的最初步骤起，这一基本的事实就必须在每个人的思考中处于极重要的地位。

第二个重要的因素，是要理解仪器在太空中会经历的环境条件。仪器面朝太阳的那一面，温度会变得极其高，如果不采取特殊手段，高于水的沸点会是很典型的情况，而又没有空气加以冷却或重新分配热量。因此，当一端变得很热时，另一端通常朝向深空并将它的热量辐射出去。类似的，如果不采取特殊手段，温度会低至 -100℃。如此大的温度梯度，可能使脆弱而精密的仪器变形甚至瘫痪。这就是它们经常被包裹在又薄又轻的反光隔热材料里面的原因。有必要的话，在这一隔热箔之下，会有加热器粘在仪器主体上来维持希望达到的温度。

在危险名单里的下一项是经受发射。将仪器送入轨道的运载器会产生猛烈的加速和振动，足以撕裂通常的设备。你制造的复杂、脆弱的观测工具必须先经受住从加农炮中打出来（打个比方），再经受住可能持续几分钟之久令人骨节发酸的振动。许多特别设计的技术被运用于确保从火箭发动机传递到仪器的振动达到最小化，并且仪器可以进而经受住剩余的振动力。研究人员会在地面进行大量的测试，以保证仪器能够"存活"下来，而如果测试结果不令人满意，重新设计经常是必要的。

对于辐射的考虑是从最开始就暗含在设计中的。太空中充满了被称为宇宙线的高能粒子，既有来自太阳的，也有来自星际空间的。这些穿过仪器的粒子可能影响电子器件，甚至破坏关键部件。我们可以将防护加在关键的地方，比如传感器，但是防护很重，而分配给仪器的质量通常有

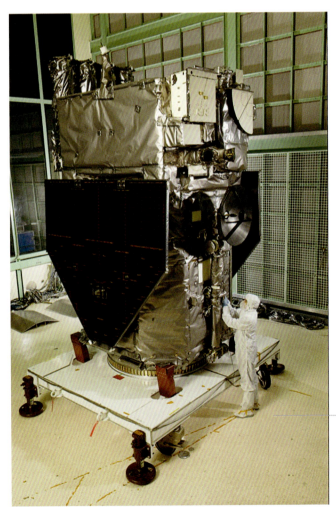

图 97　当仪器组装、搭建到宇宙飞船后，这整个装置就被称为"观测台"。由大气成像组件（AIA）组成的四架望远镜位于太阳动力学观测台的左上角。

图 96 包裹在隔热箔中的望远镜组件，被搭建到宇宙飞船上。除了搭建它的科学家和工程师们，其他人看它并不是很漂亮。

着严格的限制，因而必须特别设计出对辐射损伤不那么敏感的电子组件。这些需要花一定时间来开发和测试，因此搭载在飞船上的电子器件，以地面上使用的标准来看，往往是过时的。

宇宙飞船

观测仪器一般被搭载到一个被称为宇宙飞船的生命维持系统上。它负责提供电力、指向能力（若有需要）、计算资源和无线电通信以将数据发送到地面并且使得地面的指令能够发送给仪器（图 97）。建造宇宙飞船是很专业的技能并且需要富有经验的工程师团队。对科学研究来说，宇宙飞船经常由美国国家航空航天局签约的私人航天公司负责建造。

由于跟上述仪器测试类似的原因，将仪器连接到一起或集成到宇宙飞船里的过程可能很长且很复杂。现在称为观测台的整个物件，需要经过测试来确保它的所有功能都如预期那样工作，并确保它能经受住发射的振动，还要确保它入轨后的热力学性质也同预期一样。这些环境测试可能持续几周，直到观测台被宣布可以发射。

发射器

通常，建造仪器并将其送入太空的整个过程中，最为昂贵的一个环节是发射。这里的基本问题是，载荷——将被送入轨道的物件——需要被推进到极高的速度。为了环绕地球轨道运行，卫星必须达到约 8 千米 / 秒的速度，否则它就会直接掉落回地面。为了逃离地球的引力牵引，它必须达到 11 千米 / 秒的速度。无论哪种情况，都需要耗费大量的能量才能将物体加速到如此高的速度。我们现在拥有的最好的办法，就是猛烈地燃烧燃烧室中的燃料，并将其从火箭尾部的喷管以非常高的速度排出。尽管积攒了几十年的努力，我们尚未发现其他更好的方法。

稍加思考就会明白，带到太空中的质量越少，所需要的燃料就越少。这就是为什么轨道火箭几乎都是多级的：第一级启动加速过程，当燃料用尽时就丢弃巨大的燃料箱；第二级紧接着开始启动，而无需给第一级的空燃料箱那巨大质量提供加速度。一些运载器可以省掉第一级火箭，它们由时速几百千米的大型喷气式飞机运输到很高的海拔后掷出并发射。这种办法适用于中小型载荷（图98）。

地面站

大部分科学任务需要将数据带回地面，由科学团队分析。一般这一过程由无线电通信完成，需要用到宇宙飞船上的发射机、天线以及地面上连接到接收机的大天线（图99）。由于这些对地传输可能非常昂贵，需要发送下来的信息量在很大程度上影响着观测台的运行成本。这同时取决于具体轨道，在赤道轨道上，对地通信可能每天只有一对；在极轨道上，每天约有16次通信；而在地球同步轨道上，通信是接近连续的。通常数据一到达地面，就经由互联网被传送给科学家。大图像和连续观测的成像任务还需要专门的高速数据传送线路。

图98　太阳动力学观测台由擎天神五号运载火箭发射到地球同步轨道。

图99　太阳动力学观测台从搭载的天线向地面台站传输数据。地面台站位于美国新墨西哥州白沙导弹靶场，拥有两架18米天线。

注释

1　本章的一个早期版本在 *Making Sense: Beauty, Creativity and Healing* 一书中，编辑是 Bandy Lee, Nancy Olson 和 Thomas P. Duffy（纽约，2015 年）。

2　赫歇尔的发现是以一种奇妙的方式发生的：赫歇尔当时正试图测量阳光在不同波长的功率。他将一束光穿过棱镜使其按颜色组分分开。他接着在光谱上移动一个温度计，测量它被加热了多少，以此测量各个波长来自太阳的能量有多少。他发现来自太阳的红光比黄光和蓝光使温度计变热得更多，他将其理解为红光的加热功率更高。实际上，他发现的是，相比蓝光，太阳由红光发射出来的能量更多。他关于这一观测结果的报告不被人们相信，所以他改进了实验，在经过棱镜后的光束外侧加了一个控制温度计，以此扣除房间本身的总体变热。他进而也在可见光范围外进行了测量。他选择的位置是在红色以外，眼睛什么东西都没看到的地方。他发现，在那里温度仪同样被加热了，甚至比红光加热得更多。经过反复的测量，他断言在红端之外还有一种颜色，对我们不可见但是含有相当多的能量，这一红色之外的颜色现在被称为红外。

3　作为 20 世纪 70 年代的年轻科研人员，我们的作者之一（李昂·戈拉伯）被告知，想要做出任何海尔没有在 60 年前已经做过的新东西，都会是困难的。他听后以为这说法只是个玩笑，但最终发现这就是真相。

4　一些可塑的固体，比如太妃糖，也可以被看作流体，虽然考虑到形变的速度时，这样看会有些难以理解。弹性橡皮泥在重力作用下的形变很缓慢，但在极快地施加压力时，就会像固体一样反弹（例如撞击地板）。

5　是什么产生了波？有两样东西是必需的：扰动和回复力。一根钢琴弦，比方说，是由琴键带动的琴锤敲击，使琴弦离开它的静止位置。但是琴弦受着张力，所以会有一个力将琴弦拉回到它的静止位置。由此，一束波从被琴锤敲击的位置开始沿着琴弦传播，很快整根琴弦都会进行前后运动。要是没有琴锤的扰动，也就不会有波的产生。并且，要是没有回复力的话，扰动就只会移开琴弦，而没有后续的振动。由扰动产生的波以特定的速度传播，一般称为声速。声速依赖于两个量：回复力的强度和琴弦的质量。一根很重、很粗的琴弦在很弱的张力下会缓慢地振动；将琴弦收紧会增大回复力并改变质量与回复力的比例。这使得声速提高，而相应

地使弦振动得更快，也就使得频率提高。

6　科学家们有时会通过毕业论文指导教师来追溯他们的学术血统。从莱顿的博士导师威廉·弗米利恩·休斯顿（William Vermillion Houston）那里得知，莱顿的学术血脉来自休斯顿的博士导师罗伯特·密立根（Robert Millikan）和阿尔伯特·迈克尔逊（Albert Michelson），这两位都是诺贝尔奖得主。

7　把传播着的波想象成一系列的浪峰，像海浪击打着沙滩。波前峰值的方向垂直于传播方向。这一系列的波峰前进着，以某个角度遇到一条边界线，在那里波峰的前进突然变慢。当第一个波峰抵达这条线时，撞到线的部分慢下来，而与此同时波峰的其他部分继续向前行进。结果就是一长串都被压弯了，并最终使得整条波都被压弯了。这就像是开着一辆只有右侧轮子有刹车的小轿车。当你踩下刹车踏板的时候，右侧慢下来而左侧继续前进。结果就是车转向了右方。

8　关于施瓦贝寻找祝融星（Vulcan）的标准版故事有一些疑点。他在 1826 年开始太阳黑子的观测，但直到 1840 年，数学家、哲学家弗朗索瓦·阿拉戈（François Arago）才说服了他的同事奥本·勒维耶（Urbain Le Verrier）开始着手研究水星的轨道运动，并且直到多年以后的 1859 年，他才提出名为祝融星的最内侧行星，用以解释水星运动的计算与观测不吻合的地方。所以对于施瓦贝从事研究的解释，在时间上是对不上的，差了约 30 年。事实上，皇家学会引证的约翰逊先生 1857 年的说法更加谨慎："我不清楚是什么动机引导了他——或许一些特定的想法出现在了他的脑海中，抑或是出于朴素的探究欲望，希望对这一长期被忽略的非凡现象的规律能研究得比前人更好。"完全没有提到祝融星或其他内侧行星！

9　黑子的场并非精确地平行于赤道，而是略有翘起。带头的黑子比尾随的黑子离赤道更近。高纬度黑子比低纬度黑子翘起得更厉害，这一关系被称为"乔伊定律"。

10　赤道更快速地旋转会使表面出现的磁场向外延伸。这一方式能够在图 72 所展示的系列影响中看到。其中竖直排列的特征，诸如日冕洞，在几个月之后由于较差自转变成了 V 字形。

11　对支持悉尼·查普曼的人，我注意到在 20 世纪 40 年代末期，基于布莱克特和其他人的建议，他在推广一套

关于地球和太阳磁性的观点。说的是旋转物体的角动量和磁矩代表了"某种关于旋转物质的新的基本性质"。在查普曼1948年关于太阳磁性的综述中，他一点也没有提到埃尔萨瑟，甚至也没提到我们所知道的发电机模型。并且，在他1948年同朱利安·巴特尔斯写作的第二版著作《地磁》（Geomagnetism）的引言中说，这版没有任何修改，因为自从1940年以来，没发生任何重要的事。约瑟夫·拉莫尔在1919年提出，太阳黑子产生于太阳自转的稳定发电机效应。在运行过程中，任何现存的哪怕极弱的磁场，都能反馈产生一个强磁场。但是在1933年，托马斯·考林证明了这样非对称的机制无法解释观测到的太阳活动。以上就是埃尔萨瑟1946—1947年的工作之前的全部进展。

12 哲学上这种立场被称为客观性，一种对独立于意识的真理的信仰。大部分科学家信奉这种信仰，但这种"超然物外"的真理的存在性是很多哲学家们所反对的。

13 牛顿评价他自己的工作很显然要谦虚一些："我好像只是一个在海边玩耍的孩子，不时为拾到比一般的更光滑的石子或更美丽的贝壳而欣欣鼓舞，而展现在我面前的是完全未探明的真理之海。"

14 现如今，开普勒（Kepler）号宇宙飞船因发现了成千上万个围绕其他恒星的行星而名声大噪，还另有成千上万个"有意思的开普勒天体"（Kepler Objects of Interest，KOIS）很可能是行星，不过需要检验是否是假阳性。至截稿时，由于开普勒号宇宙飞船失去了三轴陀螺仪的控制，它的主要任务已经结束了，但长期的K2任务还在继续着它对系外行星的探寻。

15 佩戴颠倒眼镜的实验表明，几天看着颠倒的世界之后，大脑就会调整到使他们看到正面朝上的世界。拿走眼镜后，他们会在短时间内看到颠倒的世界，不过很快他们的视觉就会恢复正常。

16 出于科学目的，我们经常使用"光栅"。那是有着极其紧密的横隔线的玻璃或塑料片，每英寸内有成百上千条平行线。光栅也能将光分解成不同的颜色组分。这是因为打在表面上的光从每一个凹槽反射出来，或增强或抵消地结合到一起，在特定的角度达到峰值。具体取决于光栅线宽和光的波长的比例。对于给定线宽的光栅，不同波长的光在不同的角度出现。

17 这些界限经常被使用，但它们是任意选定的。不同波长的光谱事实上在任意一端都没有极限。这一点不像是涉及

现实条件的实际限制，比如产生波的发射机的功率或探测波的接收机天线的尺寸。

18 依然被太阳探空火箭使用的指向控制系统被称作SPARCS。它原本代表"太阳指向空蜂火箭控制系统"（Solar Pointing Aerobee Rocket Control System）。后来，其他类型的火箭被引入，"A"就转为指姿态（attitude），这样既保持了缩写不变还拓展了含义。

19 美军也发射过研究导向（以及情报搜集导向）的太阳卫星，特别是美国海军SOLRAD系列。

20 可见光频段大致对应于太阳发射能量的主体。试着猜想这一对应关系产生的原因是很有趣的。这必然不是一个巧合。看起来有可能是微生物、植物、动物通过进化来利用光，但是仅仅这样还不足以解释为什么我们的大气层碰巧在这些波长就是透光的。或许是因为在地球上生存的有机物同样影响着构成大气的原子和分子的相对丰度，以更好地适应它们的生存。

21 现在有很多宇航局在发射卫星，最大的是在美国、欧洲（ESA）、俄罗斯（Roscosmos）和日本（JAXA）。下列网站有最新的美国国家航空航天局卫星列表，包含它们的状态（"研发""运行"或"过时"）：http://science.nasa.gov/heliophysics/missions。这个网站提供在轨卫星的交互式展示：http://qz.com/296941/ interactive-graphic-every-active-satellite-orbiting-earth。

22 我们很容易在回顾历史时指责在争论中站错了队的人们是无用而迟钝的，但是要记住，在你试图找到正确答案时，你还不知道谁是正确的呢，并且良性的争论也是好事。那些提出反对意见的人，通常也都有很好的理由，而且他们能防止每一个新观点（其实通常是错误的）都立刻被人们接受为真理，从而提供了理论的稳定性。至于何时一个人应该接受新观点是正确的并放弃旧理论，这就是个复杂的问题了。哲学家们为此展开了很多漫长的讨论。

23 这两类观测分别被称为遥感（remote sensing）和原位测量（in situ measurement）。

24 它的同伴旅行者二号于16天后的8月20日发射，所在的轨道到达木星和土星时间稍长一些，但是能够与另外两颗行星相遇，分别是天王星和海王星。

以下是一些和太阳相关的非技术书籍和论文，可供想要更详细地了解我们讨论的主题的读者查阅。我们首先列出了一些具有参考价值的近期出版书籍，然后列出了与本书每章所讨论主题密切相关的书籍。

具有参考价值的太阳相关书籍

Alexander, David, The Sun (Santa Barbara, ca, 2009). One of the Greenwood Guides to the Universe.

Berman, Bob, The Sun's Heartbeat: And Other Stories from the Life of the Star that Powers Our Planet (New York, 2011)

Bhatnagar, Arvind, and William C. Livingston, Fundamentals of Solar Astronomy (Singapore, 2005). Comprehensive and phenomenological but relatively non-mathematical.

Carlowicz, Michael J., and Ramon E. Lopez, Storms from the Sun: The Emerging Science of Space Weather (Washington, dc, 2000)

Golub, Leon, and Jay M. Pasachoff, Nearest Star: The Surprising Science of Our Sun, 2nd edn (New York, 2014). A non-technical trade book.

Haigh, Joanna D., and Peter Cargill, The Sun's Influence on Climate (Princeton,nj, 2015)

Jago, Lucy, Northern Lights (New York, 2001)

Lang, Kenneth R., Sun, Earth and Sky, 2nd edn [2006], paperback reprint (New York, 2014)

—, The Sun from Space (New York, 2009)

Meadows, A. J., Early Solar Physics (London, 1970)

Mulvihill, Mary, Lab Coats and Lace: The Lives and Legacies of Inspiring Irish Women Scientists and Pioneers (Dublin, 2009)

Pasachoff, Jay M., The Complete Idiot's Guide to the Sun (Indianapolis, in, 2003).Downloadable.

Zirker, Jack B., Journey from the Center of the Sun (Princeton, nj, 2001;paperback, 2004)

—, The Magnetic Universe: The Elusive Traces of an Invisible Force (Baltimore,md, 2009)

—, Sunquakes: Probing the Interior of the Sun (Princeton, nj, 2003)

1 太阳黑子

Choudhuri, Arnab Rai, Nature's Third Cycle: A Story of Sunspots (Oxford, 2015)

Hale, George Ellery, The New Heavens [1922] (Charleston, nc, 2015)

Olson, Roberta J. M., and Jay M. Pasachoff, 'The Comets of Caroline Herschel (1750–1848), Sleuth of the Skies at Slough', The Inspiration of Astronomical Phenomena vii (insap.org) (Bath, 2010); published in Culture and Cosmos, xvi/1–2 (2012), pp. 53–76, also at http://arxiv.org/abs/1212.0809

Zhentao, Xu, 'Solar Observations in Ancient China and Solar Variability',Philosophical Transactions of the Royal Society of London, Series A, Mathematical and Physical Sciences, cccxxx/1615 (1990) p. 513, doi: 10.1098/rsta.1990.0032

2 透视太阳

Malin, S.R.C., and E. Bullard, 'The Direction of the Earth's Magnetic Field at London, 1570–1975', Philosophical Transactions of the Royal Society of London, Series A, cclxxxxix (1981), p. 357

Oldham's report on the 1897 earthquake is available for download at:https://archive.org/details/reportongreatea00oldhgoog

Ulrich, Roger, 'The Five-minute Oscillations on the Solar Surface', Astrophysics Journal, clxii/3 (1970), p. 993

3 太阳脉动

King, Henry C., History of the Telescope (New York, 2011)

Memoirs of the Royal Astronomical Society, vol. xxvi (1856–7), p. 197

Sabra, A. I., Theories of Light from Descartes to Newton (Cambridge, 1981)

4 太阳光谱能告诉我们什么

Comte, Auguste, The Positive Philosophy [1842], Book ii, Chapter 1 Pasachoff, Jay M., 'The Hertzsprung–Russell Diagram', in Discoveries in Modern Science: Exploration, Invention, Technology, ed. James Trefil (Farmington Hills, mi, 2015), pp. 474–8

Pasachoff, Jay M., 'The H–R Diagram's 100th Anniversary', Sky & Telescope (June 2014), pp. 32–7

Smith, A. Mark, From Sight to Light (Chicago, il, 2014)

5 太阳色球和日珥

Foukal, Peter, and Jack Eddy, 'Did the Sun's Prairie Ever Stop Burning?' Solar Physics, ccxlv/2(2007), pp. 247–9, doi: 10.1007/s11207-007-9057-8

6 可见的日冕

Baron, David, American Eclipse: Thomas Edison and the Celestial Event that Illuminated a Nation (New York, 2017)

Espenak, Fred, Thousand Year Canon of Solar Eclipses: 1501 to 2500, (Astropixels,2014), www.astropixels.com. Maps and tables.

Espenak, Pat and Fred, 'Get Eclipsed': The Complete Guide to the American Eclipse (incl. a pair of partial-eclipse glasses), $6.00, http://astropixels.com/pubs/GetEclipsed.html

Guillermier, Pierre, and Serge Koutchmy, Total Eclipses: Science, Observations,Myths and Legends (New York, 1999)

Kepler, Johannes, De Stella nova in pede Serpentarii (On the New Star in the Ophiuchus's Foot) (Prague, 1606)

Littmann, Mark, and Fred Espenak, Totality: The Great American Eclipses of 2017 and 2024 (Oxford, forthcoming 2017)

Littmann, Mark, Fred Espenak and Ken Willcox, Totality: Eclipses of the Sun, 3rd edn (Oxford, 2009)

Nath, Biman B., The Discovery of Helium and the Birth of Astrophysics (Charleston,nc, 2012)

Nordgren, Tyler, Sun Moon Earth (New York, 2016), http://tylernordgren.com

Peter, Hardi, and Bhola N. Dwivedi, 'Discovery of the Sun's Million-degree Hot Corona', Astronomy and Space Sciences (30 July 2014), http://dx.doi.org/10.3389/fspas.2014.00002

Zeiler, Michael, 'See the Great American Eclipse of August 21, 2017'(incl. 2 partial-eclipse glasses), http://greatamericaneclipse.com

7 看不见的日冕：关于光子的讨论

Golub, Leon, and Jay M. Pasachoff, The Solar Corona, 2nd edn (Cambridge, 2010)

Mandel'štam, S. L., 'X-ray Emission of the Sun', Space Science Reviews, iv/5–6(1965), p. 587.

8 太阳风暴：一场关于粒子和场的讨论

Clark, Stuart, The Sun Kings (Princeton, nj, 2007)

Cliver, E. W., 'Solar Activity and Geomagnetic Storms: The Corpuscular Hypothesis', eos: Transactions of the American Geophysical Union, lxxv/609(1994b)

—, 'Solar Activity and Geomagnetic Storms: The First 40 Years', eos: Transactions of the American Geophysical Union, lxxv/569 (1994a)

—, 'Solar Activity and Geomagnetic Storms: From M Regions and Flares to Coronal Holes and cmes', eos, lxxvi/8 (1995), pp. 75–83

—, 'Was the Eclipse Comet of 1893 a Disconnected Coronal Mass Ejection?',Solar Physics, cxxii/2 (1989), p. 319

Crooker, N. U., and E. W. Cliver, 'Postmodern View of M-regions', Journal of Geophysical Research, xcix (1994), p. 23383

Wulf, Andrea, The Invention of Nature: Alexander von Humboldt's New World(New York, 2015)

附录 I: 安全地观测太阳

Chou, B. Ralph, in Fred Espenak and Jay Anderson, Eclipse Bulletin: Total Solar Eclipse of 2017 August 21 (Astropixels, 2015), www.astropixels.com, pp. 99–103

Pasachoff, Jay M., A Field Guide to the Stars and Planets, 4th edn, The Peterson Field Guide Series (Boston, ma, 2000; updated in 2016)

Pasachoff, Jay M., and Michael Covington, The Cambridge Eclipse Photography Guide (Cambridge, 1993)

附录 II: 业余爱好者的太阳观测

Russo, Kate, Total Addiction: The Life of an Eclipse Chaser [ebook] (Charleston,nc, 2012)

—, Totality: The Total Solar Eclipse of 2012 in Far North Queensland, fcproductions.com.au, published by the author (2013)

附录 III: 在日食中观测日冕

See references for Chapter Six and Appendix i

附录 IV: 在太空中观测太阳

Bester, A., The Life and Death of a Satellite: A Biography of the Men and Machines at War with Peace (Boston, ma, 1966)

致谢

李昂·戈拉伯感谢美国国家航空航天局总部、戈达德航天中心和马歇尔空间中心（Marshall Space Flight Center）的人，他们持续进行着本书中描述的科研工作；感谢史密松天体物理台（Smithsonian Astrophysical Observatory）和它的高能天体物理部；以及分布在全美国和全世界的同行们，他们都为太阳物理学做出了诸多贡献。感谢阅读了本书原稿全文或部分，并提供了许多建议和更正的人们：Anne Davenport、Jessica Law 和 Jenna Samra 有帮助的建议；以及 William Hanna、Michael Leaman，尤其是 Peter Morris，仔细阅读了全部原稿。说到支持和鼓励，我特别感谢 Anne；还有 Jessica、Casey、Ansel、Ada、Pablo、Liz、Charles、Jessica、Jacob 以及 Manuel、Karla 和 Carlos。

杰伊·帕萨乔夫在此纪念已故的唐纳德·门泽尔，时任哈佛天文台（Harvard College Observatory）主任，在作者还是大一新生时向作者介绍了日食，那是 65 个日食之前的事了。我们后来在 1970 年日食时共过事，当时我是哈佛天文台的门泽尔研究博士后。我在大熊湖太阳天文台——后来归属于加州理工学院——同哈罗德·齐林的共事增进了我的太阳背景知识。威廉姆斯学院在我任职的几十年间支持了我的学术活动，包括我参加和研究日食的职责。我的日食研究和其他太阳研究在多年间受到国家地理学会（National Geographic Society）研究探索委员会（Committee for Research and Exploration）一系列研究经费的支持，受到国家科学基金会（National Science Foundation）（最近经由它的大气和近地空间科学部）和一系列来自美国国家航空航天局的科考研究经费的支持。我感谢加州理工学院，感谢它的行星科学系和安德鲁·英格索尔教授（Prof. Andrew Ingersoll）的假期款待。我感谢 Naomi Pasachoff、Deborah Pasachoff、Ian Kezsbom、Eloise Pasachoff 和 Tom Glaisyer，出于帮助了编辑以及家庭支持，出于参与了日食，出于 Deborah 从年龄 6 个月起以及 Eloise 从年龄两岁半起就开始起步。

图片来源

感谢以下机构及个人为本书提供相关图片及资料。文后附有首字母缩略词表。

American Museum of Natural History Library, New York: 60; from H. W. Babcock,1961, The Astrophysical Journal, cxxxiii/572 (© aas, reproduced with permission): 24;© Wendy Carlos 2001 from individual images © 2001 by Jay M. Pasachoff: 61; © 2008 Miloslav Druckmüller, Peter Aniol, Martin Dietzel and Vojtech Rušin: 51; esa/nasa/soho with the lasco, nrl: 58; esa/nasa/swoops: 76; from Joseph Fraunhofer,Bestimmung des Brechungs- und Farbenzerstreuungs-Vermögens verschiedener Glasarten (Munich,[1817]): 35; from Galileo Galilei, Istoria e imostrazioni Intorno Alle Macchie Solari e Loro Accidenti [History and Demonstrations Concerning Sunspots and their Properties] (Rome, 1613): 3; from William Gilbert, De Magnete, Magnetisque Cororibus et Magno Magnete (London, 1600): 7; L. Golub drawings/diagrams: 8, 11, 12, 22, 23; L. Golub and nasa/gsfc/sdo: 69; L. Golub (sao), Eberhard Spiller (ibm), and nasa: 65; gong/nsa/aura/nsf: 13, 15; gsfc/sdo/aia, sao and lmsal: 62; from G. E. Hale, 1908, The Astrophysical Journal, xxviii/100 (© aas, reproduced with permission): 5; from G. E. Hale, 1919, The Astrophysical Journal, xlix/153 (© aas, reproduced with permission): 6 (top): from Edmond Halley, A Description of the Passage of the Shadow of the Moon, over England, in the Total Eclipse of the Sun, on the 22d. Day of April 1715 in the Morning (London, 1715): 55; from Edmond Halley, Tabulæ Astronomicæ, Accedunt de Usu Tabularum Præcepta (London, 1749): 19; courtesy David Hathaway, nasa/arc: 20, 26; courtesy of Frank Hill, the noao and the nso/gong: 10; Hubble Heritage Team (aura/stsci, C. R. O'Dell (Vanderbilt), nasa /esa: 85; jaxa/nasa/esa Hinode/eis: 70; jaxa/nasa/esa/sao: 17; jaxa/nasa/Hinode sot, lmsal: 47, 48; Ruth Kneale/nso/nsf: 50; Serge Koutchmy, Institut d'Astrophysique, Paris/cnrs: 49; Serge Koutchmy and E. Tavabi, Institut d'Astrophysique, Paris and Sorbonne University: 46; Françoise Launay, Institute d'Astrophysique, Paris/cnrs: 43; Marshall Space Flight Center (nasa): 66; image processing by Christoforos Mouraditis: 42; Museum of Jurassic Technology, Culver City, California: 44, 59; N. A. Sharp (now nsf) National Solar Observatory; noao/nso/Kitt Peak fts/aura/nsf: 36, 37; nasa: 67, 98; nasa/esa/soho/mdi: 14; nasa/esa/soho/mrl: 78, 79; nasa/gsfc/ Magnetospheric Multiscale (mms) Mission: 80; nasa/gsfc/maven: 82; nasa/gsfc sdo: 97; nasa/gsfc/sdo/aia: 72, 96; nasa/jpl-Caltech/gsfc/jaxa: 71; nasa/msfc/stereo: 83; nasa/sdo/aia: 73, 77; nasa/sdo, aia and hmi: 68; nasa/sdo/aia/lmsal: 75; nasa sdo/aia and sdo/hmi/Stanford-Lockheed Institute for Space Research: 74; nasa/sdo/Stanford Lockheed

缩略词表

AAS = American Astronomical Society 美国天文学会

AIA = Atmospheric Imaging Assembly 大气成像仪

ARC = Ames Research Center (NASA) 艾姆斯研究中心

AURA = Association of Universities for Research in Astronomy 美国大学天文研究协会

CNRS = Centre National de la Recherche Scientifique 法国国家科学研究院

DOOFAAS: Dumb Or Overly Forced Astronomical Acronyms Site （www.cfa.harvard.edu/~gpetitpas/Links/Astroacro.html) 糊涂或者过度强迫的天文学缩写网站

EIS = Extreme-ultraviolet Imaging Spectrometer 极紫外成像光谱仪

EIT = Extreme ultraviolet Imaging Telescope 极紫外成像望远镜

ESA = European Space Agency 欧洲航天局

FTS = Fourier Transform Spectrometer 傅里叶变换光谱仪

GONG = Global Oscillation Network Group 全球日震观测网

GSFC = Goddard Space Flight Center (NASA) 戈达德空间飞行中心

HAO = High Altitude Observatory （NCAR） 高山天文台

HMI = Helioseismic and Magnetic Imager 日震和日磁成像仪

JAXA = Japan Aerospace Exploration Agency 日本航空航天探索局

JPL = Jet Propulsion Laboratory （NASA） 喷气推进实验室

LASCO = Large Angle and Spectrometric Coronagraph 大角度分光日冕观测仪

LM = Lockeed Martin Advanced Technology Center 洛克希德·马丁先进技术中心

LMSAL = Lockheed Martin Solar & Astrophysics Laboratory 洛克希德·马丁太阳与天文物理实验室

MAVEN = Mars Atmosphere and Volatile Evolutio Mission 火星大气和挥发物演化探测器

MDI = Michelson Doppler Imager 麦克逊多普勒成像仪 （MDI 是斯坦福-洛克希德空间研究所的一个项目，由斯坦福大学汉森实验物理实验室和洛克希德马丁太阳与物理实验室的共同管理。）

MELCO = Mitsubishi Electric Corporation 三菱电机

MMS = Magnetospheric Multi Scale 磁层多尺度探测任务

MSFC = Marshall Space Flight Center (NASA) 马歇尔太空飞行中心

NAOJ = National Astronomical Observatory of Japan 日本国家天文台

NASA = National Aeronautics and Space Administration 美国国家航空航天局

NCAR = National Center for Atmospheric Research 美国国家大气研究中心

NOAA = National Oceanic and Atmospheric Administration 美国国家海洋和大气管理局

NOAO = National Optical Astronomy Observatory 美国国家光学天文台

NRL = Naval Research Laboratory 美国海军研究实验室

NSF = National Science Federation 美国国家科学基金会

NSO = National Solar Observatory 美国国家太阳天文台

NWS = National Weather Service 美国国家气象局

OTA = Optical Telescope Assembly 光学望远镜组件 （由日本国家天文台的先进技术中心和三菱电机一起建造、测试和校准。）

SAO = Smithsonian Astrophysical Observatory 史密森天体物理观测台

SDO = Solar Dynamics Observatory 太阳动力学天文台

SOHO = Solar and Heliospheric Observatory 太阳与太阳风层探测器（SOHO 是欧洲航天局和美国国家航空航天局共同研制的卫星探测器，搭载有 MDI。）

SOI = Solar Oscillations Investigation 太阳震荡调查

SOT=Solar Optical Telescope 太阳光学望远镜（由日本国家天文台、洛克希德马丁太阳与天文物理实验室、三菱电机、高山天文台、马歇尔太空飞行中心、日本航空航天探索局联合设计和开发。）

SST=Swedish 1-m Solar Telescope 瑞典 1 米太阳望远镜（现由瑞典研究委员会下属的斯德哥尔摩大学太阳物理研究所运营。）

STEREO = Solar Terrestrial Relations Observatory 日地关系天文台

STS = Space Telescope Science Institute 太空望远镜科学研究所

SWOOPS = Solar Wind Observations Over the Poles of the Sun 太阳极点太阳风观测器

索引